RHS
GENEALOGY
for
GARDENERS

Inspiring everyone to grow

英国皇家园艺学会（Royal Horticultural Society，简称RHS），1804年创办于伦敦，是世界上最大的慈善园艺机构，致力于提供专业的园艺指导和信息，在全球推动现代科技与园艺实践的融合与发展。

罗斯·贝顿（Ross Bayton）

- 植物分类学博士，园艺师，自由撰稿人。
- 曾任 BBC *Gardeners' World* 杂志编辑，有丰富的园艺图书写作和编辑经验，与他人合著有 *RHS Colour Companion* 等书。
- 目前居住在美国华盛顿州，从事自由编辑工作，同时打理一家 20,000 平方米的花园。

西蒙·莫恩（Simon Maughan）

- 英国爱丁堡大学植物学学士，英国皇家园艺学会顾问编辑，职业园艺师。
- 有多年的园艺图书编辑和出版经验，著有多部园艺学相关图书。
- 目前居住在英国布里斯托尔，管理一家圣诞树种植园，同时经营一家园艺公司。

刘夙

- 中国科学院植物研究所博士，上海辰山植物园科普部高级工程师，上海市科普作家协会理事。
- 曾获上海市科普教育创新奖"科普贡献奖（个人）"一等奖，被授予"上海市优秀科普作家"等称号。
- 译有《植物知道生命的答案》《世界上最老最老的生命》等科普图书。

英国皇家园艺学会
植物分类指南

RHS GENEALOGY *for* GARDENERS

75 科常见植物的鉴赏与栽培

[美] 罗斯·贝顿 著
[英] 西蒙·莫恩 著

刘夙 译

外语教学与研究出版社
FOREIGN LANGUAGE TEACHING AND RESEARCH PRESS
北京 BEIJING

京权图字：01-2019-4016

©2017 Quarto Publishing
Simplified Chinese translation©Foreign Language Teaching and Research Publishing Co., Ltd
Published in association with the Royal Horticultural Society

图书在版编目（CIP）数据

英国皇家园艺学会植物分类指南：75 科常见植物的鉴赏与栽培 ／（美）罗斯·贝顿
(Ross Bayton)，（英）西蒙·莫恩（Simon Maughan）著 ；刘夙译 . ── 北京：外语教学
与研究出版社，2019.9（2022.3 重印）
　　ISBN 978-7-5213-1188-4

　　Ⅰ . ①英… Ⅱ . ①罗… ②西… ③刘… Ⅲ . ①植物学－指南 Ⅳ . ①Q94-62

中国版本图书馆 CIP 数据核字 (2019) 第 208824 号

出 版 人　王　芳
项目策划　丛　岚
责任编辑　丛　岚
责任校对　王　菲
装帧设计　张　潇
出版发行　外语教学与研究出版社
社　　址　北京市西三环北路 19 号（100089）
网　　址　http://www.fltrp.com
印　　刷　北京华联印刷有限公司
开　　本　710×1000　1/16
印　　张　15
版　　次　2020 年 2 月第 1 版 2022 年 3 月第 3 次印刷
书　　号　ISBN 978-7-5213-1188-4
定　　价　128.00 元

购书咨询：（010）88819926　电子邮箱：club@fltrp.com
外研书店 https://waiyants.tmall.com
凡印刷、装订质量问题，请联系我社印制部
联系电话：（010）61207896　电子邮箱：zhijian@fltrp.com
凡侵权、盗版书籍线索，请联系我社法律事务部
举报电话：（010）88817519　电子邮箱：banquan@fltrp.com
物料号：311880001

走近分类学，习惯规范性描述

本书是英国皇家园艺学会（Royal Horticultural Society，简称 RHS）为园丁、园艺师、植物爱好者准备的一部兼具入门性和系统升级功能的手册，非常实用，在行业内一定程度上起规范作用。入门，是指内容并不高深——本书主要讲述 75 个常见"科"的形态和分类等基础知识，是入门的好教材；升级，是相对于老客户、老读者而言的——他们已经熟悉书中大部分的基础知识，但是可能要对原来使用惯了的分类系统进行更新。系统升级比较有讲究，不能太迟亦不能太频繁。太迟则落后于时代，显得不自然；太频繁则会不稳定，造成混乱。从头学习新系统，白板一块儿，反而好办。但是对于业内的大批老客户，升级有时是折磨人的过程。克服惯性或惰性需要做功，频繁升级会浪费精力。

那么，能不能把分子生物学的新成果彻底应用于园艺学，立即淘汰所有不那么准确、不那么科学的术语和理论呢？不能。一是做不到，二是那样做还有相当大的危害，比如可能割裂了文化传统，让后来者看不懂历史文献，也让这门学问远离直观和"生活世界"。分类学是非常讲究历史和文献引证的学问，在这一点上它有点儿像文科。举个例子，如果新来者只记住了马先蒿属被分在了列当科，那么这虽然时尚、合理、科学，却是不够的；他还要知道马先蒿属原来被分在玄参科，这样才能更好地利用人类辛苦积累起来的知识。对于柚木属、紫珠属、大青属也一样，既要知道它们现在被分在唇形科，还要知道它们原来被分在马鞭草科。人类对自然物的描述和分类，是不断演化的。对待分类系统，可以多一些人类学视角的宽容，不宜"五十步笑百步"。植物分类学是不断"自然化"的。从古至今，任何一个分类系统都是自然与人为两种因素组合的结果，即使那些名为"自然分类系统"者也不例外。整体上看，APG（Angiosperm Phylogeny Group，被子植物系统发育研究组）系统相对于恩格勒系统和哈钦松系统要更自然，后两者相对于德堪多系统和林奈系统更自然。林奈系统被公认是人为系统，但这不等于其中不包含自然的因素，其实它不是纯粹的人为系统；即使中世纪的、古代的及日常的分类方案也包含自然的因素。

园艺学属于古老的应用植物学，与同样古老的药用植物学、食用植物学等类似（但与 20 世纪以来发展起来的一批新的应用植物学不同）。这样的学科非常讲究可操作性，对学理、还原论方法并不是特别讲究。通俗点儿说，种好花、置好景最为重要，搞清楚背后的机理不是第一位的。道理讲出一大堆，但花园很难看，植物半死不活，那肯定不成。于是，在历史上相当长的时间内，园艺学从业者不需要学习很多科学知识，只要掌握足够的技术、技巧（不限于植物方面，还涉及土壤、气候等），辅之以一定的艺术手段，就可以做好园艺。但是，事情也在变化之中。在现代社会，技术与科学分形地交织在一起，技术的进步直接与科学的进展联系在一起。基础科学落后，园艺也不可能做到先进。现代的园艺学高度综合，涵盖了基础研究和应用研究，尽管仍以后者为主。在园艺实践中，科学、技术、文化传统、艺术、宗教、美学等，一个都少不了，基础扎实才有底气、后劲。

英国皇家园艺学会是世界著名的园艺组织，创立于 1804 年。在其网站（www.rhs.org.uk）上列出了工作的"4I"指导原则：激励（Inspire）、参与（Involve）、告知（Inform）和改进（Improve）。眼前的这部书主要涉及第二和第四个指导原则，也可以说与第三个原则有关。本书以"科"为主要单位来介绍植物的谱系，讲述75科常见植物的知识。"科"的概念在植物学发展史中很晚才出现。林奈时代非常重视"属"和"种"，没有"科"的概念。德堪多、林德利之后，才有了现代意义上"科"的分类层级，而且它显得越来越重要。对于初学者而言，"科"比"属"和"种"更为重要，宜优先学习。对于栽培植物，初学者不宜一下子就"深入"到"种"或者"种"以下的分类层级，因为园艺植物杂交严重、来源复杂、分类困难，若勉强为之只会徒增烦恼。"属"的数量相对于"科"的数量多出许多，也不利于初学者宏观"建筐"（打造出抽屉或文件夹）把握所面对的新植物。因此，本书是以"科"为主要层级进行示范的。

这是一部比较特殊的图书，翻译水平在相当程度上将决定这部书的价值大小。水平不高的翻译或马马虎虎来翻译，对于这样的图书，还不如不翻译。这部书就内容本身而言，阅读起来并无难度，但是译成汉语也并非易事，想做到完美更是困难。一是专业术语和植物名字太多，翻译要想在科学上做到合规、精准比较难。合规就颇难把握，因为有许多不同的规则，究竟以哪个为准？翻译时，要选择规则，使译文尽可能符合规则，还要打破陈规。二是中国的园艺文化非常丰富，加之中国的植物种类众多，这些给外来植物图书的翻译增加了文化衔接的困难。此困难甚至大于前者。由刘夙翻译这部书真的极为合适：一是他有较好的植物学基础；二是他熟悉命名法规，对植物分类和植物中文名字有多年潜心的钻研；三是他做事非常认真；四是他有较丰富的图书翻译经验。刘夙与刘冰等人长期致力于植物科属规范译名和 APG、PPG（Pteridophyte Phylogeny Group，蕨类植物系统发育研究组）的普及传播工作，维护了"多识植物百科"网站，做了许多基础性的"积德的"工作。

我相信，在中国本书会受到欢迎。如前所述，它非常适合两类读者：一类是背景并不深厚的植物爱好者，一类是相对专业的植物学工作者或园艺工作者。读者如果能吃透本书的内容，那么真的可以把植物学知识和对植物的精确描述升级到一个新的平台。由这个平台再出发，情况将会大不相同。

最后说点儿并非完全无关的闲话。学习园艺，必然想着亲手尝试。但是，不宜个体亲自到山上采挖野生植物，原因有二：一是法律、法规可能不允许，二是挖了也通常栽不活，白白糟蹋植物。中国与英国的气候非常不同。即使是原产中国的许多植物（特别是高山植物），在中国的平原地区也可能非常难以成活，反而在遥远的英国等国家相对容易成活！杜鹃花科、报春花科、罂粟科、兰科的许多植物都如此。这没办法，也很难改变。耗资建立特别的温室可以解决部分问题，但很难持久，而且通常得不偿失。栽了死，死了栽，进入恶性循环；人人都想试一试，对野生植物的破坏力度可想而知。比较好的习惯是，喜欢某类植物，到野外在原地观赏。要在家庭中做园艺，宜多选用比较皮实的种类，尽可能使用本土种，不要过分迷恋外来种。对于自己不再需要的园艺植物，在抛弃前先要主动灭活，以避免物种流入野外，造成可能的生态破坏。

北京大学教授，博物学文化倡导者

译者序

英国是欧洲植物分类学研究的中心，也是世界上园艺最为发达的国家之一。直到今天，位于伦敦的英国皇家植物园邱园仍然是全世界植物分类学的圣地，而英国皇家园艺学会也是世界上最负盛名的园艺学研究和交流机构。我曾有幸在 2018 年夏天前往邱园参观学习，其间也参观了英国皇家园艺学会下属的林德利图书馆和威斯利花园；给我留下深刻印象的不仅有高超的学术水平和园艺技艺，还有数百年来积累的丰厚资料和文化底蕴。

正是因为这种学术与园艺齐头并进的传统，英国的植物分类学界与园艺界关系甚密，植物分类学上的新进展往往能够被迅速写入园艺界的教材、指南和文献中，随时为园艺师提供最新资料。这本《英国皇家园艺学会植物分类指南》正是这样，其宗旨是把基于分子生物学研究证据的最新植物系统树和与之相应的最新分类系统介绍给园艺工作者和广大的植物爱好者，让他们熟悉这个新的分类系统中主要的科，从而能够利用相关知识观察、鉴定、选择和栽培植物，指导自己的园艺实践。

园艺是一门应用技术。从理论上来说，园艺师并不是非得了解植物的真实演化关系以及建立在这种演化关系之上的新分类系统不可；他们即使继续沿用以前的旧分类系统，也未必就做不好园艺工作。中国的现状正是这样：出于习惯，园艺界仍然坚持使用距今已有几十年历史的恩格勒系统或哈钦松系统，往往拒不接受最新的分子分类系统。

在我看来，像英国园艺界这样及时跟踪科学研究最新进展的做法，主要不是出于实用目的，而是源于根植在西方社会中的深厚的科学思维和科学文化，出于他们对科学研究由衷的信任，出于他们对植物园艺工作的深刻认识——只有从科学、园艺以至人文等多个侧面去认识植物，才能对园艺这项工作有更深的体验。我非常希望国内园艺界在向西方同行学习具体技术的同时，也能学来这种思维、文化和行动意识。

　　本书翻译的难点之一在于为一些尚无合适中文名的植物拟定中文名称。我主持植物中文名称选择和拟定工作已有多年，并曾与外研社有过合作，参与了胡壮麟教授主编的《新世纪英汉大词典》中植物类词条中文解释的审订工作。虽然本书中大部分植物及其类群的中文名称已经确定，但仍有一些植物的中文名需要参考相关文献新拟。这样的例子如裸子植物中的镰羽沟扇铁，单子叶植物中的双刃石豆兰，超蔷薇类中的南极寒金钟，超菊类中的脊冠双距花等。希望这些新拟的中文名能够满足园艺界的需求。

　　书中的一些园艺术语可能有翻译不当之处，敬希专业人士指正。我的邮箱是：su.liu1982@foxmail.com。

上海辰山植物园科普部高级工程师

目 录

紫玉兰
（*Magnolia liliiflora*），
属于木兰科
（*Magnoliaceae*，
见 70 ~ 71 页）。

宽叶苏铁
（*Cycas balansae*），
属于苏铁科
（*Cycadaceae*，
见 48 ~ 49 页）。

玫瑰
（*Rosa rugosa*），
属于蔷薇科
（*Rosaceae*，
见 130～133 页）。

入门

尽管我们中大多数人会认为所有植物都属于同一个快乐的大家庭，但事实并非如此。植物其实可以划分为数百个不同的"家族"（family）——在植物学上称为"科"。植物学家运用有关植物家族的历史和亲缘关系的知识，把超过 25 万种植物巧妙地编组成科，从而为植物界带来了某种意义和秩序。

想要一下子就对整个植物界了如指掌是不可能的。一开始，你可能一次只能认识一种植物。好在人类有一种应用于植物世界的逻辑体系，它可以让你不必一种一种地去认识植物。这就是人们把植物编组成科的意义。植物学家利用经验，根据相似性和亲缘关系给植物分类，让我们有可能理清庞大的植物王国中的生物多样性。

序

植物无处不在。不管一年中什么时候，你都不妨出门走走，寻找一下野生植物或栽培植物。你会惊讶地发现，在以你家为中心的很小范围内，就分布着众多科植物的代表。在你家的花园里，也可能会有各种神奇的植物——这在很大程度上要归功于植物采集者和园艺工作者，他们几百年来不断地从世界各个角落把植物引回来栽培。

如果你想成为一名好的园艺师，那么你要做的事情无非是建立联系。比如，你有强酸性的土壤。如果你知道这种土壤可以用来种杜鹃花，那么你完全可以把种植的范围扩展一下，把同属于杜鹃花科（*Ericaceae*）的欧石南、山月桂、地桂、马醉木、蓝莓等都列入计划。如果你在用植物设计景观，你可能需要知道，同属一个科的植物会有一些共同特征；这样，你就能更有效地把各种植物搭配在一起，而且这些知识可以帮助你拓宽选材范围。

Erica carnea
欧石南

Vaccinium oxycoccos
红莓苔子（蔓越莓）

欧石南、红莓苔子和杜鹃花都属于杜鹃花科。这个科的植物大多喜欢酸性土壤，在碱性土壤中会生长不良。

如何使用本书

识别和鉴定

通过阅读本书，你将学会识别植物之间的相似特征，鉴定它们属于哪个科。书中的科大致是依照演化的顺序排列的，正如系统树（见 10～11 页）中所展示的那样。一旦熟练掌握了科的特征，你就可以开始识别这个科中的各个成员，既发现它们的亲缘性，又看到它们的不同之处。

主要事实介绍

每一章包括若干节，每一节介绍了各科植物的规模（属种数）、分布范围、起源，以及该科植物叶形和花形共有的关键特征和各自的变异等。

示意图

书中有大量精美细致的插图和示意图，可以用来辅助鉴定植物。

主要的科

本书会用 4 页来介绍几个主要的科，比如禾本科（*Poaceae*）、松科（*Pinaceae*）、毛茛科（*Ranunculaceae*）和豆科（*Fabaceae*）。这样做的目的是帮助初学者率先熟悉这些重要的类群，因为它们相对易于识别，又包括了很多常见的栽培植物和野生植物。

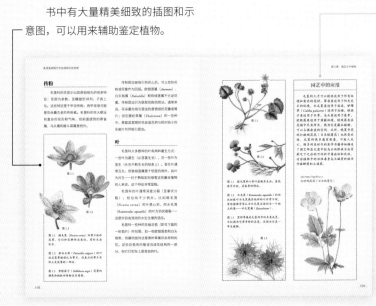

园艺中的应用

本栏目为园艺工作者提供了有用的指导，告诉你如何充分地利用各个科中的植物。

传统分类和当代分类

植物的演化和分类是个复杂的话题。专家在很多植物的谱系上存在意见分歧，而通过 DNA 分析得来的新证据又带来了一系列全新的问题。本书把传统分类和当代分类相结合，旨在让植物谱系变得生动起来，能够更加贴合现代园艺师、博物学家及广大植物爱好者的需求。

植物系统树简介

　　几个世纪以来，植物学家一直致力于描述和解释植物巨大的多样性。通过比较植物的叶、茎、花等结构，人们注意到不同植物的相似之处。植物学家依据共性给植物编组，由此形成了初步的分类。随着时间的推移，分类系统不断精细化，包括多个层级，科就是其中一级。过去，人们主要用传统分类系统鉴定植物的种，但随着遗传学的发展，有一个事实显而易见——植物间的相似性来自遗传，拥有相似的特征意味着彼此可能有亲缘关系。当今的植物分类系统旨在反映植物种间的遗传关系，并常常用分支示意图来表示（见 10～11 页），这种分支示意图很像谱系学家画的家谱树。

Acer palmatum
鸡爪槭

Aesculus hippocastanum
欧洲七叶树

构建系统树

　　植物系统树是通过比较许多植物类群的数据而构建的。拥有众多相似特征的两个类群很可能有密切的亲缘关系。在构建系统树时我们会用到多种类型的数据，但大多数现代研究依赖于 DNA 数据。植物和大多数其他生物一样，是由 DNA 分子长链组成染色体。染色体是生物体的遗传物质，好比生物体的指导手册。每个细胞都有一套完整的DNA，其上所有的遗传信息称为基因组。多年生草本植物日本重楼（*Paris japonica*）属于藜芦科（*Melanthiaceae*），拥有所有已知植物中最大的基因组，它包括大约 1,500 亿个碱基对——人类基因组只有区区 32 亿个碱基对！要分析如此海量的数据非常困难，于是植物学家选择植物基因组中少数易变的区域，比较各种植物这些区域的异同。把DNA 中这些区域最相似的植物编组在一起，就构建出了植物系统树。把遗传相似性较小的种加进来，就形成新一级分支。这整个过程由计算机算法来执行。

从系统树中我们能知道什么

植物系统树是基于 DNA 和其他数据构建的，不但揭示了植物间的亲缘关系，还可以帮助我们判断传统分类的准确性。比如，槭树和七叶树以前被分别归入槭科（*Aceraceae*）和七叶树科（*Hippocastanaceae*），但系统树揭示它们都应该被归入无患子科（*Sapindaceae*）。

通过查看不同植物类群在系统树上的位置，我们可以看到植物的形态特征是如何随时间的推移而演变的。10～11 页上的系统树展示了植物的演化历程，从已知最早的植物类群到我们今天知道的现代植物的科。

系统树所示的植物谱系，是鉴定植物的重要工具。如果既了解区分主要植物类群的形态特征，又知道植物类群如何演变而来，那么一位园艺师就能准确地鉴定出各种植物。基于 DNA 数据构建的当代分类系统，是目前最为准确的植物分类系统，因此可以确保本书中描述的科在将来一段时间内基本不会有大的变动。

Hydrangea macrophylla
绣球（八仙花）

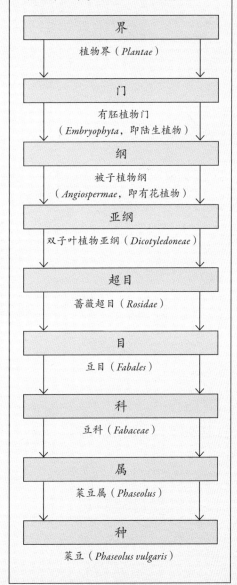

科学命名法

正式学名的使用要受到国际命名法规的约束。下面以菜豆为例，说明植物命名中涉及的主要分类单元：

界
植物界（*Plantae*）

门
有胚植物门（*Embryophyta*，即陆生植物）

纲
被子植物纲（*Angiospermae*，即有花植物）

亚纲
双子叶植物亚纲（*Dicotyledoneae*）

超目
蔷薇超目（*Rosidae*）

目
豆目（*Fabales*）

科
豆科（*Fabaceae*）

属
菜豆属（*Phaseolus*）

种
菜豆（*Phaseolus vulgaris*）

植物系统树

　　人们通过比较植物的 DNA 样本、寻找遗传上的异同点构建了植物系统树。从左向右，植物系统树展示了从古老的植物类群（左侧）到人们今日所知的现代植物类群（右侧）的演化过程。与人类的家谱树一样，亲缘关系近的科位置彼此接近，而亲缘关系远的科彼此相距甚远。

为了简化系统树的复杂性，这里只列出了本书中介绍到的科。系统树始于陆生植物的演化，每个分支代表了一个新类群的出现，其中最早出现的是苔藓植物。

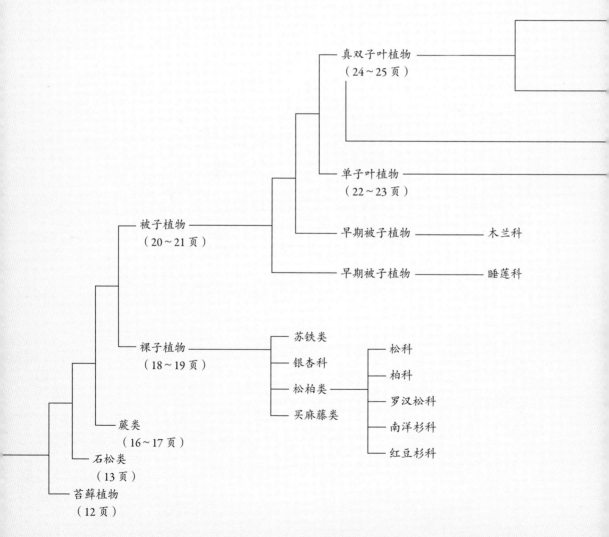

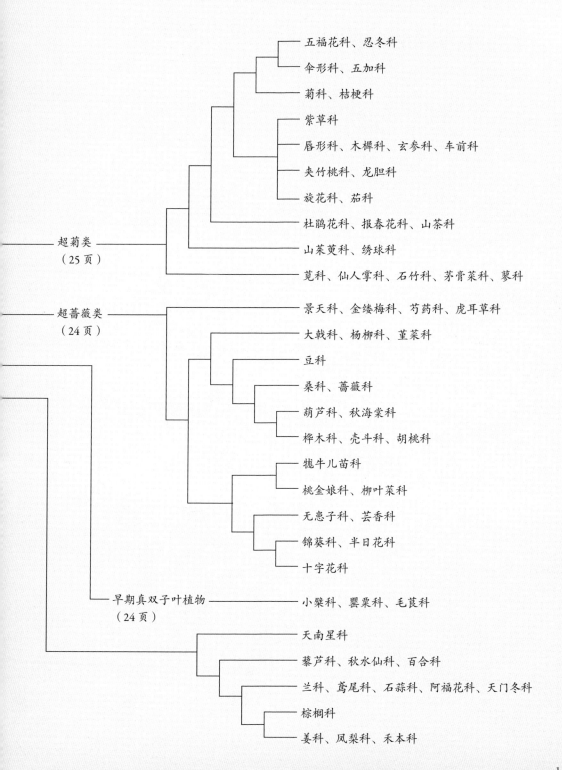

从最早的植物到有花植物

　　植物，与地球上的其他所有生命一样，起源于海洋。在大约 5 亿年前植物开始登上陆地。就是这些形态上很可能像绿藻的早期陆生植物，演化出了现在在地球上占据优势地位的植物——被子植物。被子植物也叫有花植物，它们是多次演化飞跃的产物。我们栽培的植物中大多数都是被子植物。理解这些主要的演化发展，对于园艺植物的鉴定至关重要。

应对干旱

　　对于最早登上干燥陆地的植物来说，首要的限制因素是水。早期的植物没有根，无法主动运输水分，所以只能生活在永久潮湿的地方。这些早期植物的支系中，有一些演化为后来的苔类、角苔类和藓类，这三类植物合称为苔藓植物。它们如今在湿润的生境中繁衍生息，最容易在池塘边的花园里、荫蔽的草坪上和盆栽堆肥的表面见到。苔藓植物缺乏真正的根和高效的维管系统；作为替代，植株的所有部位都可以直接吸收水分。现代苔藓植物只能在水分充足的时期生长，并通过让自身几乎完全脱水来度过干旱期。

　　最早能够把水分从根输送到茎中的植物出现在 4.3 亿年前。这些植株中的维管系统，是解决了水分获取问题的重大演化飞

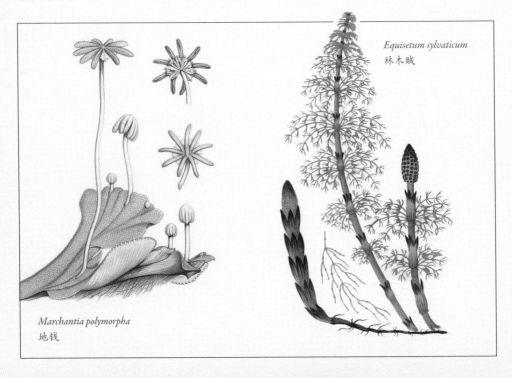

Equisetum sylvaticum
林木贼

Marchantia polymorpha
地钱

珊瑚卷柏（*Selaginella martensii*）可产生横走茎，是湿润荫蔽地的优良地被植物。

跃。这些植物不仅能在较干燥的生境中定居并生长，而且还能比矮小的苔藓植物长得更大。植物之所以能让体内组织坚挺，是因为在植株因干旱而缺水时，维管系统可以为细胞补充水分；较大的植物也无须萎蔫便能耐受中度的脱水状态。

维管系统的发育造就了最古老的木本植物。在大约 3.8 亿年前，高达 50 米的高大乔木在陆地上占统治地位。这些高大的乔木虽然已经灭绝，却留下了一些现代亲戚，比如石松科（*Lycopodiaceae*）和木贼科（*Equisetaceae*）植物，后者是多年生花境中的恶性杂草。

右图是根据化石遗存重建的芦木属（*Calamites*）植物。这类植物已灭绝，它与现代的木贼属（*Equisetum*）有亲缘关系。

现代叶

另一个意义极为重大的演化里程碑，是现代叶的出现。苔藓植物和石松类植物要么无叶，要么只有小而简单的叶，叶中央只有一道叶脉。最古老的树木生有这种名为"小型叶"的简单叶，叶长可达 1 米。

在大约 4 亿年前，茎分叉的植物开始在茎间发育扁平的边缘，由此形成了最早的现代叶，这种叶称为"大型叶"。大型叶结构更为复杂，有良好的支撑结构，因此可以比小型叶长得大得多。大型叶内的维管组织可以为其提供水分。植物学家认为，在这个时期，大型叶曾在几个不同的植物类群中独立地演化出很多次。大约 3.6 亿年前出现的蕨类，就是其中一个类群的后代。

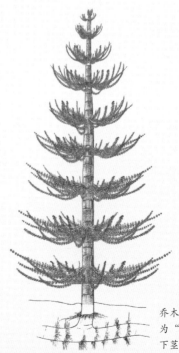

乔木状的植株从名为"根状茎"的地下茎上长出。

生殖

尽管维管系统与大型叶的出现使植物有了一定的自由度，得以从湿润的生境向外扩散，可是还有一个因素依旧限制着植物散播的能力，那就是生殖。蕨类植物叶片上的可育性的区域称为孢子囊群。蕨类植物依靠孢子囊群中散出的孢子得以繁衍。这些孢子随风飘散，最终落地、萌发，形成一种绿色的肉质结构，称为原叶体。原叶体形似一些苔类，可以产生精子；精子在地面上游动，使另一个原叶体的卵细胞受精。显然，精子只能在潮湿的环境中游动，不过这个问题通过发育出两种大小不等的孢子而在一定程度上有所解决。大孢子留在叶上的可育区域中，在原地萌发，由此可以保护原叶体免于脱水。小孢子靠风传播，并且只有在接触到大

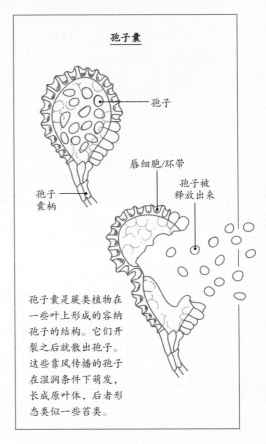

孢子囊

孢子

唇细胞/环带

孢子被释放出来

孢子囊柄

孢子囊是蕨类植物在一些叶上形成的容纳孢子的结构。它们开裂之后就散出孢子。这些靠风传播的孢子在湿润条件下萌发，长成原叶体，后者形态类似一些苔类。

孢子时才萌发，这样精子便能在受保护的区域中游动。一旦受精，大孢子及其周围的保护层就形成了种子。最古老的种子植物出现在大约 3.5 亿年前。随着时间推移，生有种子的叶逐渐退化为鳞片，形成球果。裸子植物就是在球果中结出种子，这样的植物包括松柏类等人们熟悉的园艺植物。

Marattia laxa
疏羽唇囊蕨

蕨类植物在叶上生有名为孢子囊的结构，通过从中释放灰尘般的孢子而生殖。孢子囊可簇生在一起，形成形态清晰的孢子囊群（如图中所示）；也可在叶片下表面均匀地分散成一片。

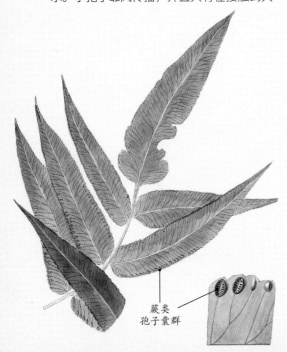

蕨类
孢子囊群

很多裸子植物可以结出球果来保护它们的种子。图中所示的西藏白皮松（*Pinus gerardiana*）松果就是一种球果。人们认为球果中生有种子的鳞片来自生有孢子的叶。

花

蕨类植物、裸子植物和很多其他现已灭绝的植物类群统治陆地长达 2 亿多年，这为恐龙的兴起创造了合适的环境。然而，还有一个重要的植物类群当时尚未出现。根据化石记录，最古老的有花植物是在大约 1.3 亿年前突然出现的。花的演化，是产生大孢子和小孢子的组织合并成统一结构的结果，是现代植物发育的最后一块里程碑。生有大孢子的叶经过演化，逐渐把大孢子包被起来，以保护它们免受损害；由此形成的结构就是子房。生有小孢子的叶逐渐缩小，形成雄蕊。在子房和雄蕊周围又有叶提供进一步的保护，这些叶逐渐演化成花瓣和萼片。

被子植物在白垩纪的突然出现，曾长期困扰着植物学家。按照达尔文的设想，演化是形态结构的缓慢改变和发展，需要历经许多代才能完成。达尔文把被子植物相对快速

Illicium anisatum
日本莽草

在大多数花中，绿色的萼片负责保护花芽，而颜色鲜艳的花瓣负责吸引传粉者。不过，就像睡莲科（*Nymphaeaceae*）和木兰等很多早期被子植物一样，日本莽草的萼片和花瓣看起来十分相似。

的出现称为"讨厌的谜团"。他推测，被子植物在更久远的时代曾在南半球的一块大陆上演化，而这块大陆现在已经消失；这意味着现在被子植物早期化石的缺失只不过是为人所知的化石记录的缺失。不过从现代观点看来，演化并不是以均匀的步调进行的；被子植物的出现刚好与为早期的花朵传粉的昆虫的分化同步。昆虫通过主动扩散被子植物花粉中的遗传物质，促成了被子植物各科的快速演化。

不管引发被子植物出现的原因是什么，花的演化都是个巨大的成功——今天大约 95% 的维管植物是被子植物。我们花园里的大多数植物也都是被子植物。

花的纵剖　　　除去花瓣，　　　果实和
　　　　　　　示雄蕊和心皮　　种子

蕨类植物

提到蕨类植物，大多数园艺师眼前会浮现出这样的图像——三角形的叶，经常深裂，看上去八成像是欧洲蕨（*Pteridium aquilinum*）。但蕨类植物到底是什么呢？植物分类学家现在正在努力回答这个问题。从根本上说，蕨类植物是维管植物，长有通常称之为"蕨叶"的叶，靠散播灰尘状的孢子来生殖。

实际上，并不是所有的蕨类植物都长得像欧洲蕨。DNA 研究表明木贼属（*Equisetum*）也属于这个古老的植物类群，这是蕨类多样性的一个典型例子。蕨类植物可分成若干支系，包括热带巨大的合囊蕨科（*Marattiaceae*）、无叶的松叶蕨科（*Psilotaceae*）和植株小巧的瓶尔小草科（*Ophioglossaceae*）。这几个科是早期分化的类群，只占蕨类总种数的 3%；剩下的种都属于现代蕨类，在花园中也最有应用价值。

Pteridium aquilinum
欧洲蕨

森林蕨类

尽管蕨类植物最早于晚泥盆纪（3.6 亿年前）便已出现，现代蕨类的诞生却要晚得多，差不多到侏罗纪末期（1.5 亿年前）才出现可识别为现代蕨类的类群。当被子植物在全世界扩散时，蕨类植物也找到了自己的生态位——生长在被子植物森林的树冠之下。经过了巨大分化的时期，蕨类植物现在可见于多种生境，包括水下、裸露的高山地区和干旱的荒漠。

现代蕨类有大约 9,100 种。它们的标志性特征之一是拳卷的幼叶。幼叶看起来既像小提琴的琴头，又像牧羊人的曲柄杖。蕨叶

铁角蕨（*Asplenium trichomanes*，左）和黑铁角蕨（*Asplenium nigrum*，右）与铁角蕨科（*Aspleniaceae*）的其他所有成员一样，从蕨叶下面线形或棒形的孢子囊群中释放孢子。

的形态极其多变，从完全不分裂到细裂成丝状。孢子从孢子囊中散出。孢子囊通常生于蕨叶背面。多数蕨类植物的孢子囊簇生在一起形成孢子囊群，但也有一些蕨类的孢子囊在叶片下表面均匀分布。蕨叶从一种叫根状茎的结构上生出；顾名思义，根状茎就是长得像根的茎，其形态可短粗或细长。树蕨的茎会形成直立的树干，但其他很多种蕨类植物的茎会在地上（或地下）沿水平方向生长，或是附着在树枝之上。

Dryopteris filix-mas
欧洲鳞毛蕨

蕨类植物提琴头一般的拳卷幼叶展开之后就成为蕨叶。与鳞毛蕨科（*Dryopteridaceae*）大多数成员一样，欧洲鳞毛蕨的孢子囊群呈圆形，为一个叫"囊群盖"的伞状结构所保护。

排列成穗状
的孢子囊的
特写图

Ophioglossum nudicaule
小叶瓶尔小草

孢子囊群的纵剖，
可见伞状的膜质覆
盖层（囊群盖）

含有孢子的
孢子囊群

园艺中的应用

因为蕨类植物的分类现在还处于频繁变动的状态，所以在本书中没有专门介绍蕨类植物的章节。很多蕨类适宜生长在林地中，特别是铁线蕨属（*Adiantum*）、鳞毛蕨属（*Dryopteris*）和耳蕨属（*Polystichum*）中的种；在处理树下难于布置的干燥荫蔽地时，这样的蕨类极有用处。请把植株茂盛的黑鳞刺耳蕨（*Polystichum setiferum*）和东非铁线蕨（*Adiantum aethiopicum*）种在潮湿的土壤中。铁角蕨属（*Asplenium*）中的很多种可以在墙壁和路面的裂隙中生长。雄伟壮观的蚌壳蕨属（*Dicksonia*）树蕨可为花园带来异域风情，当然它们只适应较为温暖的气候。鹿角蕨属（*Platycerium*）植物的叶状如鹿角，非常引人注目。大多数园艺蕨类需要部分遮阴和定期浇水才能生长良好，但它们繁茂的叶丛很容易融入众多花园布景。

裸子植物

现在尚存的最古老的种子植物是裸子植物。"裸子"的意思是"裸露的种子"。与种子被包在果实里的被子植物不同,裸子植物的种子在发育过程中没有包被物,但常常附着在球果的鳞片上。曾经有数百万年裸子植物在陆地上占据优势;尽管如今它们的优势地位已经为被子植物所取代,但裸子植物仍然是全世界森林的重要组成部分。

松柏类是现生裸子植物中最大的类群,它们保持了多项世界纪录:世界上最高的树——北美红杉(*Sequoia sempervirens*),体积最大的树——巨杉(*Sequoiadendron giganteum*),最粗的树——墨西哥落羽杉(*Taxodium mucronatum*),最老的树——长寿松(*Pinus longaeva*)。由松柏类构成的泰加林,从美国阿拉斯加州到西伯利亚构成一个环带,仅在大西洋那里有间断。除了海洋之外,泰加林是世界上最大的单一生物群落。

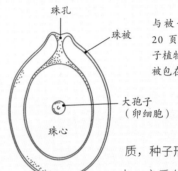

裸子植物的胚珠

珠孔

珠被

大孢子
(卵细胞)

珠心

与被子植物(见 20 页)不同,裸子植物的胚珠并不被包在子房里。

质,种子形成于鳞片上,之后在球果开裂时散出。红豆杉科(*Taxaceae*)和罗汉松科(*Podocarpaceae*)的球果高度退化,鳞片变成肉质的浆果状结构。在松柏类的 6 个科中,只有金松科(*Sciadopityaceae*)本书没有收录。金松科只包括 1 个种——金松(*Sciadopitys verticillata*),它也叫"日本金松"。

松柏类

松柏类也叫"球果类",包括 6 个科,几乎遍布世界各地。它们通常是木质化的灌木或乔木,叶为针状或鳞状,但也有很多热带树种不长针叶或鳞叶,而有更阔大的叶。松柏类大多是常绿树,也有少数种类是落叶树,如落叶松属(*Larix*)和落羽杉属(*Taxodium*)。松柏类的球果为木质或革

Sequoiadendron giganteum
巨杉

巨杉原产美国加利福尼亚州,可长到约 100 米高,树干基部的围长可超过 30 米。

Ginkgo biloba
银杏

Cycas rumphii
华南苏铁

除去雄株上像棕榈科
（*Arecaceae*）植物的
叶之后，就很容易看
到产生花粉的球花。

其他裸子植物

裸子植物中结球果的第二大分支是苏铁类。尽管似乎很难将这些形态像棕榈类的树种与松柏类联系在一起，但苏铁类的种子同样结在球果里，而其球果通常形成于茎顶的叶丛中央。广泛栽培的银杏（*Ginkgo biloba*）是裸子植物第三个分支中唯一存活至今的树种。银杏类过去曾有广泛分布，但现在就只剩这 1 个种，而且它在野外可能已经灭绝了。裸子植物的第四个也是最后一个分支是买麻藤类。它包括 3 个形态迥异的科，在花园中很少或完全没有种植。麻黄科（*Ephedraceae*）的麻黄属（*Ephedra*）是几乎无叶的荒漠灌木，也是药物麻黄碱（用于治疗哮喘）的来源。买麻藤科（*Gnetaceae*）仅有 1 个属——买麻藤属（*Gnetum*），是一群热带的乔木、灌木和藤本植物。百岁兰科（*Welwitschiaceae*）只在非

洲纳米布沙漠中有一个形态怪异的种——百岁兰（*Welwitschia mirabilis*）。百岁兰只有两片叶子，它们在植物的一生中持续不断地生长，并形成革质的长带，附着在矮壮的木质树干上。一些研究表明买麻藤类在现生植物中与被子植物最为近缘，但另一些研究则表明它们与松柏类更近缘。

尽管现代裸子植物只是过去一个更大、更多样的类群的孑遗，它们却是成功的幸存者。尤其是松柏类，它们常为优秀的园艺植物——易于照管，在景观中引人注目，寿命也很长。

Gnetum gnemon
显轴买麻藤

Welwitschia mirabilis
百岁兰

这种奇特的非洲荒漠植物只有两片
叶子，它们持续生长。

被子植物

现在，被子植物为世界上的人们提供了大部分的食物，也是花园里的中流砥柱。它们之所以有这样的优势地位，是因为生有花这样一种具有高度适应性的器官；花可以让植物不断演化，形成新种。比如说，在一个居群中，如果有一些植株发生了花色的改变，那么它们就有可能吸引一种新的传粉者。新的传粉者可能不会为有原始花色的植株传粉。这样一来，携带着植物基因的花粉就再也不会在这两种花色不同的植株之间传递，最终它们便成了不同的种。类似这样的过程便导致了我们现在看到的植物界丰富的生物多样性。

花的多样性

花对专门的传粉策略的适应，导致了我们现在在被子植物中看到的巨大变异。植物利用的传粉者多种多样，包括昆虫、爬行动物、鸟类、蝙蝠、灵长类和风，甚至还有流水。有些植物偏好某种蜂类或蝶类，与它们形成亲密的关系；另一些植物则在花瓣展开之后迎接多种传粉者。

花瓣和雄蕊
为 3 数

平行的
叶脉

Lilium maculatum
滨百合

被子植物的子房

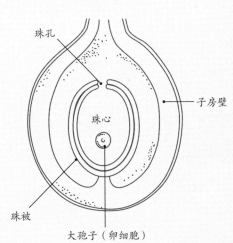

珠孔

子房壁

珠心

珠被

大孢子（卵细胞）

被子植物的种子在保护性的子房中发育，子房后来变为果实。

产自印度尼西亚的大花草（*Rafflesia arnoldii*）开有世界上最大的花，花直径达 1 米，通过散发腐肉的臭味来吸引蝇类和甲虫。与之形成天壤之别的是无根萍属（*Wolffia*）。其植株个体宽不到 1 毫米，相应地，花更为微小，是世界上最小的花。无根萍属植物很少开花，我们尚不知晓是谁为其传粉。

花瓣和雄蕊为 5 数

分支的叶脉

Fragaria vesca
野草莓

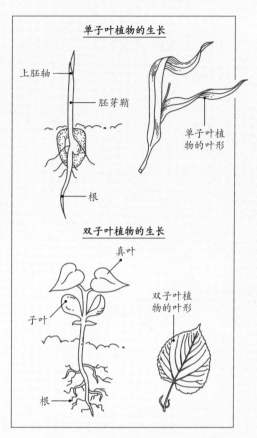

单子叶植物的生长

上胚轴

胚芽鞘

单子叶植物的叶形

根

双子叶植物的生长

真叶

双子叶植物的叶形

子叶

根

子叶是植物发育中胚的一部分。对双子叶植物来说，子叶是种子萌发后最早长出的"叶"；但对单子叶植物来说，种子萌发后，子叶一直留在种子里面。

单子叶植物和双子叶植物

　　被子植物传统上被划分成两个类群：单子叶植物和双子叶植物。单子叶植物包括被子植物中大约 15% 的种，其中重要的科有禾本科、棕榈科（*Arecaceae*）、百合科（*Liliaceae*）和兰科（*Orchidaceae*）等。它们的每粒种子只包含 1 枚初生的胚叶（子叶），"单子叶植物"由此得名。单子叶植物的叶通常具平行的叶脉，花部（花瓣、雄蕊等花的某种结构）为 3 数，即总数为 3 或 3 的倍数。

　　单子叶植物大多是草本植物，但也有一些乔木状的植物，比如棕榈科植物，其维管组织分散于整个茎中。与单子叶植物不同，双子叶植物通常是乔木，维管组织在其茎中呈轮状排列，据此可以计算树龄。双子叶植物包括被子植物剩下的大约 85% 的种。它们的每粒种子中有 2 枚子叶；在种子萌发时，这个特征尤为明显。双子叶植物有分支的叶脉，花部通常为 4 数或 5 数。

　　基于 DNA 的研究已经证实单子叶植物是彼此近缘的类群，来自单一的祖先，而双子叶植物却非如此。根据研究结果，ANA 演化级和木兰类（见 22 页）这两个类群被从双子叶植物中分出来，剩下的类群统称"真双子叶植物"。不过，就算没有 ANA 演化级和木兰类（它们包括睡莲科〔*Nymphaeaceae*〕和木兰科〔*Magnoliaceae*〕等园艺植物），真双子叶植物仍然是地球上最大的植物类群，也是最常见的园艺植物。

单子叶植物

随着谷类作物的栽培，人类在几块大陆上独立地开始了农业活动。人们先是在野外采集小麦、稻、玉米（玉蜀黍）等禾本科植物的种子，然后根据大小、品质、是否易于收割等性状逐渐选育出合适的品种。现在，这些野生禾草的后代作为禾本科谷物（小麦、稻、玉米、大麦和燕麦等）几乎已经在全球范围内种植。这些单子叶植物被人类作为食物运往世界各地，它们占据了数十亿英亩（1 英亩约等于 4,047 平方米）优质的土地。人类还从单子叶植物那里收获了其他很多有用的作物，包括香蕉、海枣、椰子、甘蔗、姜和香草等。

ANA 演化级和木兰类

让我们暂时先不提单子叶植物，因为有必要提一下在单子叶植物和真双子叶植物分化之前先分出的一些科。"ANA 演化级"这个名字来自 3 个目：无油樟目（*Amborellales*）、睡莲目（*Nymphaeales*）和木兰藤目（*Austrobaileyales*）。无油樟目只包括 1 个

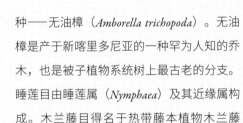

Nymphaea candida
雪白睡莲

种——无油樟（*Amborella trichopoda*）。无油樟是产于新喀里多尼亚的一种罕为人知的乔木，也是被子植物系统树上最古老的分支。睡莲目由睡莲属（*Nymphaea*）及其近缘属构成。木兰藤目得名于热带藤本植物木兰藤（*Austrobaileya scandens*），还包括八角（*Illicium verum*）和五味子（*Schisandra chinensis*）。

在这 3 个目之后分化出的是木兰类，它由 17 个科构成，其中广为人知的科有木兰科、樟科（*Lauraceae*）、胡椒科（*Piperaceae*）和马兜铃科（*Aristolochiaceae*）。尽管 ANA 演

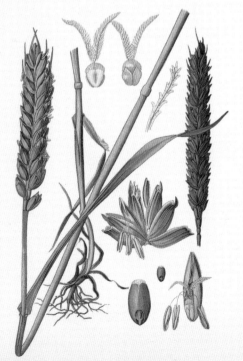

Triticum aestivum
普通小麦

普通小麦最初栽培于中东，现在已经种遍全世界。

化级和木兰类传统上被归入双子叶植物，但其中很多种也具有单子叶植物的特征。比如：睡莲属的每粒种子只有单独 1 枚子叶，而番荔枝科（*Annonaceae*）和马兜铃科的花部都为 3 数。木兰类的花有多数花被片（彼此形似的花瓣和萼片的统称），并常生有花药和花丝不明显区分的雄蕊。

单子叶植物的演化

单子叶植物留下的化石记录较为有限，这在很大程度上是因为它们主要是草本植物，不易保存。人们已经发现的单子叶植物的化石有：有大约 9,000 万年历史的棕榈科化石——相比其他一些单子叶植物，棕榈科有更坚韧的叶和树干；定年为 1.2 亿～1.1

Arum maculatum
斑点疆南星

亿年前的天南星科（*Araceae*）花粉化石。单子叶植物最古老的分支是一个小的属——菖蒲属（*Acorus*），它属于菖蒲科（*Acoraceae*），是灯芯草状的半水生草本植物。下一个分支也都是水生植物，包括花蔺科（*Butomaceae*）、泽泻科（*Alismataceae*）、大叶藻科（*Zosteraceae*）和水蕹科（*Aponogetonaceae*）。这让一些植物学家推断单子叶植物由水生或半水生的祖先演化而来，但化石证据还很贫乏。

尽管单子叶植物在数量上只占被子植物的不到四分之一，但论经济价值的话，它们的重要性远超这一水平。单子叶植物还为花园增添了四季不断的色彩——从水仙、百合和兰花的花，到禾草、玉簪和麻兰充满质感的叶，还有芭蕉、棕榈类和丝兰壮硕的植株。

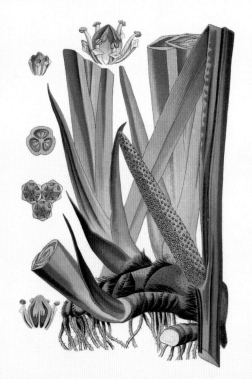

Acorus calamus
菖蒲

真双子叶植物

　　放眼望去，在花园里你看到的大多数植物都是真双子叶植物。它们占去了被子植物 75% 的种，在很多陆地生态系统中居于优势地位，并为我们提供了重要的食物、纤维和木材。在植物最大的 5 个科中就有 3 个是真双子叶植物，包括菊科（*Asteraceae*，最大的科）、豆科（第三大科）和茜草科（*Rubiaceae*，第四大科）。真双子叶植物有丰富的多样性，因此很难概括整个类群的特征。它们通常有分支的叶脉，花部为 4 数或 5 数。目前真双子叶植物系统树的重建工作已经取得很大的进展，真双子叶植物这个重要类群的分类已开始稳定下来。

　　和单子叶植物的情况一样，真双子叶植物最早的分支也是水生植物。金鱼藻（*Ceratophyllum demersum*）是一些人所熟悉的水草，因为它可以为花园池塘和水族箱供氧。金鱼藻属（*Ceratophyllum*）是金鱼藻科（*Ceratophyllaceae*）唯一的属，花极微小，与蔷薇、向日葵和其他花朵绚丽的植物形成鲜明对比，但它们却都源自共同的祖先。

Leucanthemum vulgare
滨菊

超蔷薇类

　　沿着系统树继续向上，接下来的几个分支包括了大约 15 个科，它们统称真双子叶植物基部群，包括小檗科（*Berberidaceae*）、毛茛科和罂粟科（*Papaveraceae*）。这些科常呈现出与更早的类群相同的特征，如雄蕊多数、子房分为离生的心皮等。之后，系统树分成两支，剩下的科（占了真双子叶植物的大部分）分别归入这两个分支。其中一个分支叫"超蔷薇类"，包括 119 科；另一个分支叫"超菊类"，包括 115 科。这两个类群分别以其中的一个特征性科（蔷薇科〔*Rosaceae*〕

像荷包豆（*Phaseolus coccineus*）这样的豆类植物是豆科（*Fabaceae*）的成员；豆科是植物中的第三大科，还包括豌豆、羽扇豆、车轴草、毒豆等属的植物。

和菊科）命名，各包含被子植物现生种的约三分之一。

超蔷薇类包括很多对园艺师而言非常重要的科，如蔷薇科、豆科、锦葵科（Malvaceae）、桦木科（Betulaceae）、秋海棠科（Begoniaceae）和牻牛儿苗科（Geraniaceae）。和所有大型类群一样，超蔷薇类很难找出明确的共同特征，因为这群植物变异很大。可能最大的共同特征就是在叶柄（把叶片连接到茎的条状结构）基部有名为"托叶"的叶状附属物，但超蔷薇类中有些植物也没有托叶，在超蔷薇类以外却有一些科（比如茜草科）有托叶。请记住，托叶可以有多种形态，如腺体、毛、刺和较容易识别的叶状形态等。一个常见的情况是托叶会在叶长出一段时间后脱落，所以请在幼叶上寻找托叶。

Hibiscus mutabilis
木芙蓉

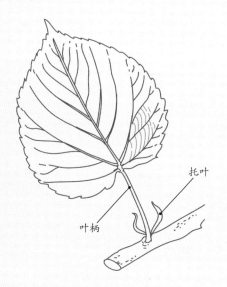

托叶是叶柄基部的叶状结构。它们常成对出现，并可变态为刺或腺体等。

超菊类

超菊类是更难界定的一群植物。它们又分为两个类群：与石竹科（Caryophyllaceae）有亲缘关系的科，以及核心菊类。与石竹科近缘的科十分多样，包括仙人掌科（Cactaceae）、苋科（Amaranthaceae）、蓼科（Polygonaceae）和几个食肉植物科——茅膏菜科（Droseraceae）和猪笼草科（Nepenthaceae）等。它们的叶通常全缘，不分裂也不具齿。核心菊类大多有管状花，其雄蕊数目较少，并常贴生在花冠管的内侧。这个类群中的重要园艺植物有菊科、紫草科（Boraginaceae）、绣球科（Hydrangeaceae）、唇形科（Lamiaceae）和忍冬科（Caprifoliaceae）的植物。

如何鉴定植物

很遗憾，植物鉴定的复杂程度和微妙之处已超出了互联网搜索引擎的能力范围。要准确地鉴定植物，我们现在还不得不依赖于自己的观察技能。

收集信息

请收集尽可能多的证据，最好是拍摄照片或绘制详细的速写图。现今，要鉴定植物已经不需要把植物连根挖起或采摘植株碎片。如果非要带走植株的一部分才能进行鉴定，那么你先要确定这么做是合法的，而且你也有相关的许可。

请调查植株的周边环境来获取线索。它是生长在荫蔽地、海边、水里，还是其他较高或较矮的植物中间？它是生长在林中、路边、废弃采石场里，还是谁家的花园中？在冬季，凋落的叶和果实对于落叶乔木和灌木的鉴定非常有用。

五裂的叶

缠绕的卷须

Passiflora caerulea
西番莲

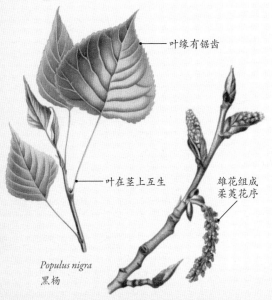

叶缘有锯齿

叶在茎上互生

雄花组成柔荑花序

Populus nigra
黑杨

观察植物

植物最基本的结构包括根、茎、叶。你可能也见过花、柔荑花序、球果或果实。其他的形态结构还有芽、毛被、卷须、刺或特殊类型的根。除了眼睛，请不要忘记运用你的其他感官。这棵植物闻起来是什么气味？它摸上去是粗糙的还是光滑的？

请一定不要只凭单一特征鉴定植物，因为单独一个特征可能并不能作为整个种的共性。这让鉴定工作变得极富挑战性。比如，常春藤之类植物的叶形就变异很大。

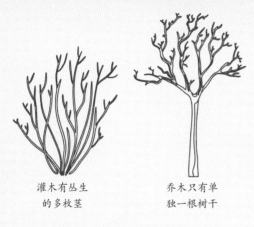

灌木有丛生
的多枚茎

乔木只有单
独一根树干

从关键问题开始

让我们从关键问题开始。你观察的这棵植物是木本植物吗？如果是，它是乔木还是灌木？它是水生植物吗？如果是，它是长在水面上还是水里呢？它是草本植物（非木质化的植物）吗？如果是，它有多大？它属于某个易于识别的类群（比如蕨类、松柏类、棕榈科、兰科、禾本科等）吗？注意，一些植物会有误导性，比如并不是所有看上去像禾草的植物都属于禾本科。你甚至还要确定观察对象是否真的是植物——它也可能是地衣或真菌等其他类型的生物。

熟悉植物结构

叶并非只是叶，"花"也不都是花。比如：复叶由许多小叶构成，所以你眼前的叶可能并不是完整的一枚叶，而只是几枚小叶。乍一看像"花"的结构可能是个花序——由许多较小的花构成，比如禾本科的花穗、天南星科的肉穗、伞形科（Apiaceae）的平顶伞形花序、菊科的复合头状花序。所以，你要花点儿时间熟悉一下后面几页上列出的概念。

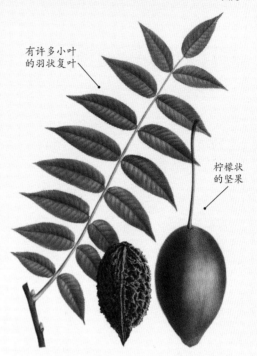

有许多小叶
的羽状复叶

柠檬状
的坚果

大型羽状复叶和胡桃果，是鉴定白胡桃（*Juglans cinerea*）的关键线索。不过，果实仅生于雌树上。

宽叶葱（*Allium karataviense*）是一种低矮的葱属（*Allium*）植物，在花园中常见；其叶宽大且略带灰色，花序肥壮。

圆球形的花序

带状、弯曲的
叶构成基生的
莲座状叶丛

植物的不同类型

　　植物的特征包括：所属的科、生活史的长度（一年生、二年生或多年生）、木质化程度（木本或草本）、所处的生境类型（比如水生或荒漠生）、生长方式（比如球根植物或藤本）等。植物有很多不同的类型，园艺师需要非常熟悉这些特征。

一年生、二年生和多年生

　　根据生活史的长度，植物可划分为短命植物、一年生植物、二年生植物和多年生植物。短命植物有非常短暂的生命周期，可以在短短几周时间之内就完成萌发、生长、开花、结籽和死亡的全过程。在严酷的环境中，短命植物充分利用短暂的、适于生长的时段迅速完成生命周期。

Dianthus barbatus
须苞石竹

须苞石竹只有两三年的有限寿命，园艺师把它当成一年生植物或短命的多年生植物来对待。

Lathyrus odoratus
香豌豆

香豌豆是一年生藤本，每年从冬播的种子中长出新植株；花在夏季开放，美丽而芳香，可供观赏。

　　一年生和二年生植物的生活史略长。一年生植物在一年内完成其生命周期，二年生植物在两年内完成其生命周期。香豌豆（*Lathyrus odoratus*）是常见的一年生植物，而毛地黄（*Digitalis purpurea*）是常见的二年生植物。"多年生植物"是一个非常宽泛的术语，包括所有能生存三年及更长时间的植物。因此，多年生植物既包括木本植物，又包括草本植物，既能是一棵千年古树，又能是一株寿命不长的花境植物。

草本、灌木和乔木

　　为了进一步区分不同的多年生植物，植物可以再根据生长方式来分类。因此，多年生植物中有多年生草本（非木质化）植物、乔木、灌木、藤本植物以及鳞茎植物、球茎植物和块茎植物。同样，多年生草本植物也是一个宽泛的术语，还可以根据不同的需求人为地分成更小的类群。这种细分可以依据花期（晚花、中花或早花）、对某种土壤的偏好（酸性土或碱性土）、光照条件（喜阳或喜阴）或所属科（比如蔷薇科或棕榈科）进行，当然还有很多其他的分类方法。

从海岸到山巅

　　地球上几乎每一种生境中都生存着植物。因此，我们有沼生植物、海岸带植物、高山植物、林生植物、水生植物、旱生植物（荒漠植物）以及常见的、适于园艺栽培的中生植物（即生长在具有足够水分的正常土壤条件中的植物）。依据生境来分类，还能描述更多的植物类型。了

Persicaria lapathifolia
马蓼（酸模叶蓼）

马蓼是一年生草本植物，在耕作过的土壤等受扰动的地方生长良好，在一些环境中可成为杂草。

解一种植物的自然需求，对花园中的成功栽种至关重要。

地下芽植物、地上芽植物、附生植物和地面芽植物

　　植物还可以按其生活型来分类。地下芽植物是园艺界对鳞茎、球茎和块茎类植物的称呼。地上芽植物是在地上长茎的植物，绝大多数是乔木、藤本植物和灌木。附生植物是长在其他植物之上的植物，比如一些长在树枝上的兰花。地面芽植物是多年生草本植物，其地上部分会周期性枯死，仅剩地面上或近地面的休眠芽，这种习性是其生活史的一部分。

Tillandsia fasciculata
束花铁兰

束花铁兰原产热带美洲，为附生植物，生于雨林中的树枝上而无需土壤。其植株利用叶从雨水、露水、灰尘及腐败的动植物体那里收集生活所需的水分和养分。

根与茎

植物利用来自太阳的能量，以碳水化合物的形式为自己制造食物，并从地下吸收水分和矿物质。为了完成这些生理活动，植物的根钻进土壤，茎和枝条则把叶举到空中，让叶能够在最佳的位置接受光照。根还可以把植株固定在地面上。

根

试图用根来鉴定活植物，是件难于操作、对环境也不友好的事情。不过，有时候还是有可能在不把植株连根拔起的情况下做出一些推断，这时所要做的是细致地观察植株基部。如果你拥有一双园艺师那样敏锐的眼睛，这一点就会容易一些。

植株是在一个位置有条理地生长，还是像杂草一样快速蔓生？请不要被乔木或灌木所欺骗，它们的植株看上去好像只有一棵，但并非总是如此。比如火炬树（*Rhus typhina*）就会从根部生出大量的萌蘖枝。多年生草本植物的植株常常成丛，这些株丛可紧密——如铁筷子属（*Helleborus*），也可快速蔓生而在周围形成新的株丛——如丛生山薄荷（*Pycnanthemum muticum*）。这两种生长习性之间还有一系列程度不同的过渡类型。

根（以及根状茎）常常在地面上也能见到。比如

Helleborus officinalis
东方铁筷子

血红老鹳草（*Geranium sanguineum*）有增粗而横走的根状茎——根状茎不是根，而是增粗的、水平生长的茎。岩白菜属（*Bergenia*）在地面上有匍匐茎。草莓属（*Fragaria*）植物有须根，在每年夏季结果后还会长出细长的纤匍枝。林地水苏（*Stachys sylvatica*）有细长的纤匍枝，它位于表土下方，会在花境中肆无忌惮地生长。从地下的鳞茎（有时是球茎、块根或块茎）长出的植物非常容易识别。它们的叶多为带状，通常在春季向上钻出土壤，然后它们开花、枯死，这一切都在短短几个月内完成。

Mentha longifolia
欧薄荷

匍匐的根状茎可让植株快速蔓生

Solanum
tuberosum
马铃薯（土豆）

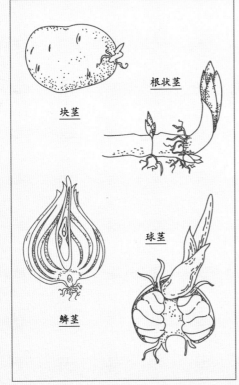

块茎

根状茎

鳞茎

球茎

茎

　　植物并非总有明显的茎，但至少会有某种结构，即使不用来支撑叶，也常用来支撑花。茎、主干或主枝构成了一株植物的主要结构单元，其上的分枝结构可非常庞大繁杂，也可只由一些直立或匍匐的茎构成。

　　在试图鉴定植物时，要考虑它的茎是木质还是草质。茎——特别是木质茎——可直立、缠绕或攀缘。请在茎上寻找气生根、卷须、皮刺、钩刺或枝刺等变态结构。如果植物有明显的主干，请留意一下它是否有独特的颜色、质地或花纹。树皮还可具有多种颜色和质地，如层状剥落、片状剥落、开裂、纵裂成条等。

　　草质茎可为一年生性——每年会枯死，只剩下休眠芽。请检查茎的质地：上面是否有毛？是粗糙的还是光滑的？是圆形还是有棱？作为最后的鉴定手段，可以折断茎，看看里面是否中空，是否有汁液流出。

Rosa × centifolia
百叶蔷薇

叶

叶不只能捕获来自太阳的光能，也让植物能够"呼吸"。在蒸腾作用中，二氧化碳、氧气和水蒸气全都可以通过叶表面的微小孔洞。为了适应环境，叶可以有多种形态变化。

除了气体交换和捕获光能之外，叶还必须与极端温度、极端湿度及食草动物的侵害进行斗争。因此，叶形和叶大小的变异反映了植物与这些复杂的环境因素之间的相互作用。种与种的叶形常有巨大的差异，这让叶形成为鉴定植物时非常有用的特征。

单叶或复叶

在观察叶时，第一个要问的问题是：是单叶还是复叶？换句话说，它们的叶片是单独一枚且不分割，还是分割为几枚或多枚较小的叶片（即所谓的"小叶"）？

最简单的复叶可以只具 2 枚小叶，不过这种情况很少见；复叶可以为三出——即具 3 枚小叶，这种情况较为常见，车轴草属

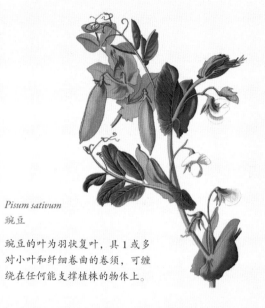

Pisum sativum
豌豆

豌豆的叶为羽状复叶，具 1 或多对小叶和纤细卷曲的卷须，可缠绕在任何能支撑植株的物体上。

在基部合生的抱茎叶

Lonicera sempervirens
贯月忍冬

（*Trifolium*）就是如此。叶可为掌状复叶，即小叶像手掌上的手指一样排列；也可为羽状复叶，即小叶沿着叶轴（叶柄的延伸部分）两侧成对地排列成羽毛状。在叶柄的基部有托叶（见 25 页）。有时候，小叶本身还可再进一步分割成更多的小叶。

植物学家使用很多专门的术语来描述叶形。单叶虽然不会分割成单独的小叶，但它们也可能相当复杂，具有深缺刻、锯齿或裂片等。单叶的例子有：简单的椭圆形叶，如月桂属（*Laurus*）；具三角形裂片的叶，如常春藤属（*Hedera*）；抱茎叶，如忍冬属（*Lonicera*）；针叶，如松属（*Pinus*）。

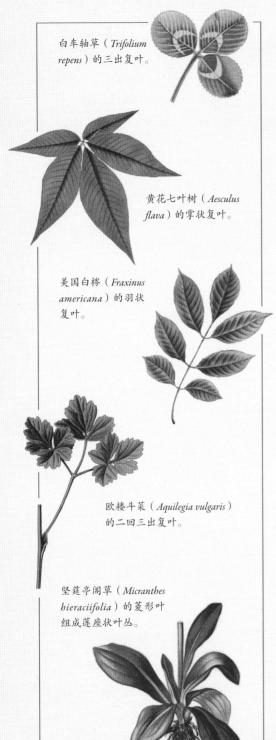

白车轴草（*Trifolium repens*）的三出复叶。

黄花七叶树（*Aesculus flava*）的掌状复叶。

美国白梣（*Fraxinus americana*）的羽状复叶。

欧耧斗菜（*Aquilegia vulgaris*）的二回三出复叶。

坚莛亭阁草（*Micranthes hieraciifolia*）的菱形叶组成莲座状叶丛。

叶缘

并非只有叶形可以用来辨认植物，叶片的边缘（叶缘）也有高度的变异性。叶缘有时具齿、刺、裂片，或为波状，有时则甚为平滑（此时称之为"全缘"）。实际情况常更为复杂；以齿状叶缘为例，它又可进一步描述为锯齿状、细锯齿状、重锯齿状（每枚锯齿又有小锯齿）、牙齿状和小牙齿状等形态。复叶中小叶的叶缘也必须加以观察。

互生、对生或轮生

叶在植株上排列成特定的样式（叶序），以便每枚叶的表面都尽可能充分地暴露在阳光下，同时又不会遮蔽植株上的其他叶。叶序是最容易观察到的特征之一。叶在茎上的基本排列方式包括对生和互生两种类型。如果3枚或3枚以上的叶呈环形排列，则称为轮生。有时，叶在植株基部簇生成莲座状叶丛，比如毛地黄；或在茎顶排成莲座状叶丛，比如莲花掌（*Aeonium arboreum*）。

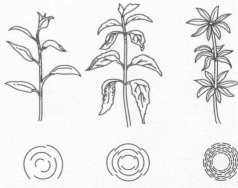

互生　　　　对生　　　　轮生

花

　　植物界可以大致分为有花植物（被子植物）和无花植物（裸子植物）。当然，在这两类之外还有其他植物类群，比如蕨类（见 16～17 页）。裸子植物以球花（成熟后为球果）而不是花作为生殖器官。只有被子植物有真正的花，且其花可以分成 4 个花部：萼片、花瓣、雄蕊和心皮。

一朵花的结构可以拆分成 4 个排成同心圆的花部：最外面是萼片，向里是花瓣，最内则是雄蕊和心皮。

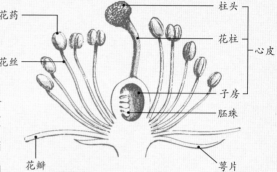

花药 — 雄蕊 — 花丝 — 花瓣 — 萼片 — 柱头 — 花柱 — 心皮 — 子房 — 胚珠

花的结构

　　花由裸子植物的球花演化而来。最为原始的花仍具备类似球花的轮状排列的形态结构，比如木兰属（*Magnolia*）的花就是如此。花中 4 个主要的轮状花部是萼片（统称花萼）、花瓣（统称花冠）、雄蕊（统称雄蕊群）和心皮（统称雌蕊群）；心皮又由柱头、花柱和子房构成。植物的花部可以像禾本科微小的花中那样数目较少，也可以像兰科绚丽的花中那样较为特化。

花形

　　在识别主要的科时，通常无须仔细观察花的解剖结构，但掌握一些相关知识肯定会有所帮助。最好能够识别花形的类型。比如十字花科（*Brassicaceae*）的植物都有 4 枚排成

植物的一些科具有非常典型的花形。大丽花（*Dahlia pinnata*，左）的花形状如菊，为菊科（*Asteraceae*）所特有；欧洲糖芥（*Erysimum strictum*，中）的十字形花是十字花科（*Brassicaceae*）的典型特征；匍匐筋骨草（*Ajuga reptans*，右）不整齐的唇形花则是唇形科（*Lamiaceae*）的典型特征。

十字形的花瓣；唇形科的花不整齐（两侧对称），呈唇形，与辐射对称的大多数整齐花（如毛茛属〔*Ranunculus*〕的花）非常不同。

花序

花有时单独一朵出现（单生），但更多时候是聚生在一起，构成花序。和花形一样，花序也可成为某些科的鉴定特征。比如伞形科有平顶的伞形花序，而菊科有复合的头状花序。

花序可以分为有限花序（聚伞花序）和无限花序（如总状花序）。总状花序常具有明显的中央轴，轴的末端没有顶生花，可以一直生长。最先开放的花位于中央轴的近底部。与此不同，聚伞花序的每根轴顶端都生有一朵花。穗状花序、伞形花序和菊科的头状花序，从结构上来说都是类似总状花序的无限花序，但又有区别。比如：穗状花序和

总状花序的主要差异在于穗状花序上的花没有花梗（着生单朵花的小梗）。有些花序还有分枝。比如：圆锥花序就是有很多分枝的总状花序，每个分枝各自又是一枚总状花序。

总序类叶升麻（*Actaea racemosa*）的总状花序。

印楝（*Azadirachta indica*）的圆锥花序。

莳萝（*Anethum graveolens*）的平顶伞形花序。

常夏石竹（*Dianthus plumarius*）的聚伞花序。

果实与种子

花的主要功能是方便花粉从花药传播到柱头，从而发育出果实。果实中生有可以萌发成下一代的种子。在植物学术语中，果实是任何生有种子的结构，可以是荚果、浆果、坚果、蓇葖果或槭果。

下位子房或上位子房

很多较大的果实上仍然能见到花的残遗。以苹果（*Malus domestica*）为例，在与果梗相对的一端就可以见到苹果花的残遗。对于番茄（*Solanum lycopersicum*）来说，残存的老花萼在果梗一端，在果实被食用之前常被除掉。这两种果实都是由子房发育而成的，一个位于花萼之下（子房下位），一个位于花萼之上（子房上位）。植物的花不是子房下位就是子房上位，所以子房的位置可以作为科的鉴定特征，值得留意。苹果（蔷薇科）的花是子房下位，而番茄（茄科〔Solanaceae〕）的花是子房上位。

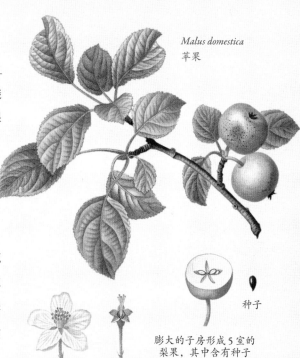

Malus domestica
苹果

种子

膨大的子房形成 5 室的梨果，其中含有种子

有花瓣的花（左）和无花瓣的花（右），示子房为下位

Solanum lycopersicum
番茄

未授粉的花

花萼在果梗末端，表明子房为上位

果实

果实可分为肉果和干果。肉果成熟时，果皮肉质多浆。肉果又分为单果和聚花果。单果如番茄和蔷薇果；聚花果是由一枚花序中所有果实聚合而成的果实，如黑桑（*Morus nigra*）的桑椹。干果成熟时，果皮脱水干燥。干果又分为裂果和闭果。裂果成熟时会开裂散出种子，如豆类的荚果；闭果成熟时仍闭合，如榛子。

黄豆树（*Albizia procera*）干燥的荚
果开裂，露出里面的种子。

种子

　　种子借助果实进行传播。肉果可被动物
吃掉，其中的种子随动物粪便传播。干果或
者被吃掉，或者由风或水传播，或者附着在
路过的动物身上。

　　有很多只具 1 粒种子的干果通常被视为
种子，比如槭果（一种坚果）、向日葵的连
萼瘦果（里面的"种仁"才是真正的种子）
和草莓上的小硬粒（瘦果）。

　　与叶和花一样，有很多术语用于描述种
子的形状，比如球形、方形、长圆形、卵
形、透镜形（两面凸形）和肾形等。这些术
语的意思不言自明。种子也可具有独特的颜
色、花纹和质地。

　　果实的严格定义可能看上去有一点儿玄
奥。浆果是包含多粒种子的肉果，比如番
茄、菜椒和醋栗。然而，苹果是梨果而不是
浆果，橙子是柑果，桃子则是核果。尽管把
核果当成一种肉果是非常合理的做法，但它
实际上是不干裂的干果，只是外面包了一层
肉质外层而已。具有核果的植物还有李、木
樨榄（油橄榄）和樱桃。

真双子叶植物的种子含有 2 枚子叶。这 2 枚子叶
保留了胚乳（为植物的胚提供养分），所以通常
圆而肥厚。与此相反，因为单子叶植物种子的胚
乳与子叶相分离，所以种子只含有 1 枚较薄的
子叶。

Morus nigra
黑桑

真双子叶植物的种子

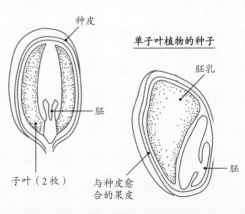

种皮

单子叶植物的种子

胚乳

胚

子叶（2枚）

与种皮愈
合的果皮

胚

主要类群检索表

　　鉴定一种未知植物似乎很难，但下面这一系列的检索表可以让鉴定工作容易一些。请从左上角开始，检查要鉴定的植物是否符合框中所述的特征，跟着箭头走，直到鉴定到正确的科。如果你不知道是否符合，那就都试试。如果你发现要鉴定的植物符合两个或更多个科的特征，请参见后文对各个科更为详细的介绍。这些检索表用来检索常见的园艺植物，而且只包括本书中收录的科。如果你检索不到正确的科，请浏览各个科的介绍，看看要鉴定的植物和哪个科有相似性。

这个检索表可帮助你鉴定植物属于哪个主要类群。然后，请使用那个类群的检索表把植物鉴定到科。对于有些框中的描述，你只能选择是或否（并没有提供两个选项）；这些特征描述用来提供补充性的鉴定特征。

主要类群检索表

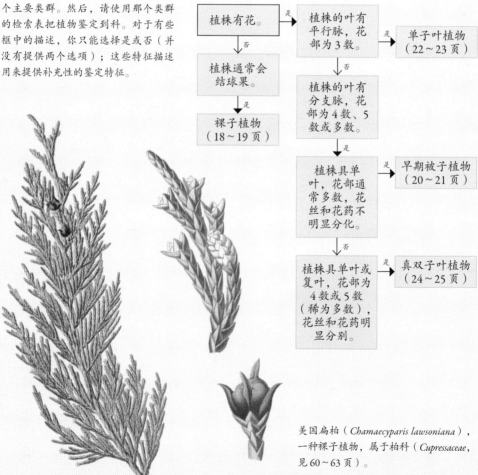

植株有花。——是→ 植株的叶有平行脉，花部为3数。——是→ 单子叶植物（22～23页）

↓否

植株通常会结球果。

↓是

裸子植物（18～19页）

植株的叶有分支脉，花部为4数、5数或多数。

↓

植株具单叶，花部通常多数，花丝和花药不明显分化。——是→ 早期被子植物（20～21页）

↓否

植株具单叶或复叶，花部为4数或5数（稀为多数），花丝和花药明显分别。——是→ 真双子叶植物（24～25页）

美国扁柏（*Chamaecyparis lawsoniana*），一种裸子植物，属于柏科（*Cupressaceae*，见60～63页）。

裸子植物检索表

```
┌─────────────┐  否   ┌─────────────┐
│植株的叶是    │ ───→ │植株的叶      │
│羽状或二回    │      │全缘。        │
│羽状复叶。    │      │              │
└─────────────┘      └─────────────┘
      │是                   │是
      ↓                     ↓
┌─────────────┐      ┌─────────────┐  是  ┌─────────────┐
│苏铁类        │      │叶为落叶性，  │ ───→ │银杏科        │
│（48～49页）  │      │形状为扇形。  │      │（50～51页）  │
└─────────────┘      └─────────────┘      └─────────────┘
                            │否
                            ↓
                     ┌─────────────┐
                     │叶为针状或    │
                     │鳞状。        │
                     └─────────────┘
```

苏铁（*Cycas revoluta*），属于苏铁类中的苏铁科（*Cycadaceae*，见48～49页）。

```
                     ┌─────────────┐      ┌─────────────┐  否  ┌─────────────┐ 是 ┌─────────────┐
                     │种子生于木质、│      │种子不是生于  │ ──→ │雄球花柔荑    │──→ │罗汉松科      │
                     │革质、纸质或  │      │球果中，而是  │      │状，种子位于  │    │（54～55页）  │
                     │肉质的球果中。│      │与浆果状的肉  │      │肉质鳞片顶    │    └─────────────┘
                     └─────────────┘      │质结构生长在  │      │端，很少被鳞  │
                            │是            │一起。        │      │片所包。      │
                            ↓            └─────────────┘      └─────────────┘
┌─────────────┐      ┌─────────────┐           │否
│南洋杉科      │      │植株的叶通常  │           ↓
│（52～53页）  │      │为鳞状（较    │      ┌─────────────┐  否  ┌─────────────┐
└─────────────┘      │少为针状），  │      │雄球花球形，  │ ──→ │红豆杉科      │
      │是            │球果成熟时    │      │种子全部或部  │      │（64～65页）  │
      ↑            │不解体，每鳞  │      │分包于肉质假  │      └─────────────┘
┌─────────────┐      │片具1～20    │      │种皮中。      │
│植物来自南半  │      │粒种子。      │      └─────────────┘
│球，叶针状或  │      └─────────────┘  是  ┌─────────────┐
│宽平，每鳞片  │           │          ──→ │柏科          │
│具1粒种子。   │           │否            │（60～63页）  │
└─────────────┘           ↓            └─────────────┘
      │否            ┌─────────────┐
      ↑            │植株的叶为针  │
┌─────────────┐  是  │状或宽平，球  │
│植物来自北    │ ←── │果成熟时解体  │
│半球，叶针    │      │或不解体，每  │
│状，每鳞片    │      │鳞片具1～2粒  │
│具2粒种子。   │      │种子。        │
└─────────────┘      └─────────────┘
      │是
      ↓
┌─────────────┐
│松科          │
│（56～59页）  │
└─────────────┘
```

罗汉松（*Podocarpus macrophyllus*），属于罗汉松科（*Podocarpaceae*，见54～55页）。

早期被子植物和单子叶植物检索表

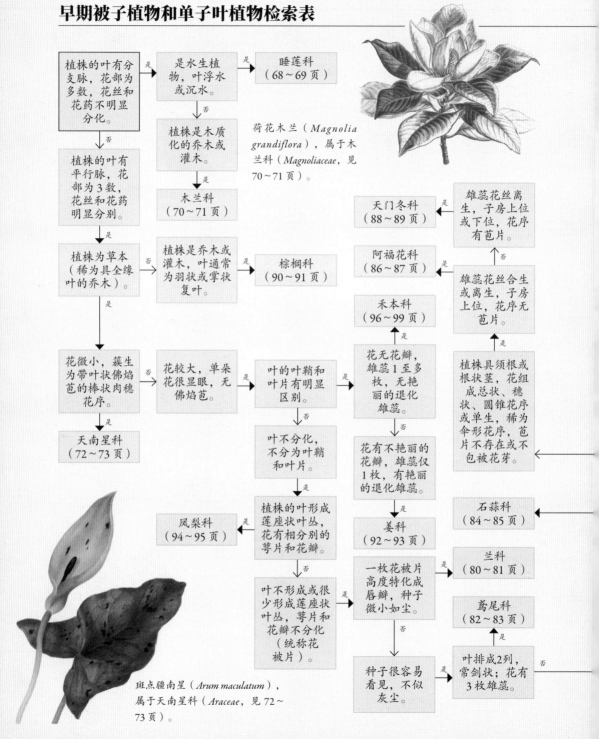

植株的叶有分支脉，花部为多数，花丝和花药不明显分化。

→是→ 是水生植物，叶浮水或沉水。 →是→ 睡莲科（68～69页）

↓否

植株的叶有平行脉，花部为3数，花丝和花药明显分别。

植株是木质化的乔木或灌木。 →是→ 木兰科（70～71页）

荷花木兰（*Magnolia grandiflora*），属于木兰科（*Magnoliaceae*，见70～71页）。

↓是

植株为草本（稀为具全缘叶的乔木）。

植株是乔木或灌木，叶通常为羽状或掌状复叶。 →是→ 棕榈科（90～91页）

↓是

花微小，簇生为带叶状佛焰苞的棒状肉穗花序。 →是→ 花较大，单朵花很显眼，无佛焰苞。 →是→ 叶的叶鞘和叶片有明显区别。 →是→ 花无花瓣，雄蕊1至多枚，无艳丽的退化雄蕊。

↓是

天南星科（72～73页）

↓否

叶不分化，不分为叶鞘和叶片。

↓是

植株的叶形成莲座状叶丛，花有相分别的萼片和花瓣。 →是→ 凤梨科（94～95页）

↓否

叶不形成或很少形成莲座状叶丛，萼片和花瓣不分化（统称花被片）。

花有不艳丽的花瓣，雄蕊仅1枚，有艳丽的退化雄蕊。

↓

姜科（92～93页）

一枚花被片高度特化成唇瓣，种子微小如尘。 →是→ 兰科（80～81页）

↓否

种子很容易看见，不似灰尘。

叶排成2列，常剑状；花有3枚雄蕊。 →是→ 鸢尾科（82～83页）

禾本科（96～99页）

植株具须根或根状茎，花组成总状、穗状、圆锥花序或单生，稀为伞形花序，苞片不存在或不包被花芽。

石蒜科（84～85页）

雄蕊花丝合生或离生，子房上位，花序无苞片。

雄蕊花丝离生，子房上位或下位，花序有苞片。 →否→ 阿福花科（86～87页）

↑是

天门冬科（88～89页）

斑点疆南星（*Arum maculatum*），属于天南星科（*Araceae*，见72～73页）。

美丽番红花（*Crocus speciosus*），属于鸢尾科（*Iridaceae*，见 82~83 页）。

真双子叶植物主要类群检索表

植株为草本（稀为木本），叶具齿、裂片或为复叶，雄蕊多数，子房上位。

→ 否 → 植株为草本或木本，叶全缘或为复叶，子房下位或上位，雄蕊常为 4 数或 5 数。

→ 是 → 托叶通常存在，花瓣离生，花中常有花盘或杯状花托。

→ 是 → 超蔷薇类（24 页）

否 → 托叶通常不存在，花瓣合生成管状（稀离生），花盘或杯状花托不存在。

→ 超菊类（25 页）

是 ↓ 茎或叶折断后会有白色、透明或其他颜色的分泌物流出。

→ 否 → 茎或叶折断后没有分泌物流出。

是 ↓ 罂粟科（104~105 页）

是 → 植株为草本（稀为木质藤本），雄蕊多数（稀仅 1 枚）。

→ 毛茛科（106~109 页）

否 ↓ 植株为草本，有时为灌木，雄蕊 4~6 枚。

→ 是 → 小檗科（102~103 页）

秋水仙科（76~77 页）

← 是 植株为草本或藤本，具球茎，叶常呈鞘状抱茎。

否 →

藜芦科（74~75 页）

↑ 是 植株为草本，具根状茎，叶很少呈鞘状抱茎。

是 ← 植株具球茎或根状茎，花被片无斑点，花药朝向外面。

←

罂粟科、小檗科和毛茛科也叫"早期真双子叶植物"。虽然这 3 个科彼此易于区分，我们却很难将它们和其他真双子叶植物分别开来。在使用这个检索表鉴定真双子叶植物时，请先查看这 3 个科。

否 植株有鳞茎（稀具根状茎），花单生或组成伞形花序，具包被花芽的苞片。

百合科（78~79 页）

是 ↑

植株具鳞茎或根状茎，花被片常有斑点，花药朝向里面。

是 ↑ 花被片常无斑点，子房壁上有蜜腺，种子为闪亮的黑色。

否 ← 花被片常有斑点或斑纹，花被片或雄蕊的基部有蜜腺，种子为褐色。

叶螺旋状排列，花有 6 枚雄蕊。

花毛茛（*Ranunculus asiaticus*），属于毛茛科（*Ranunculaceae*，见 106~109 页）。

超蔷薇类（木本植物）检索表

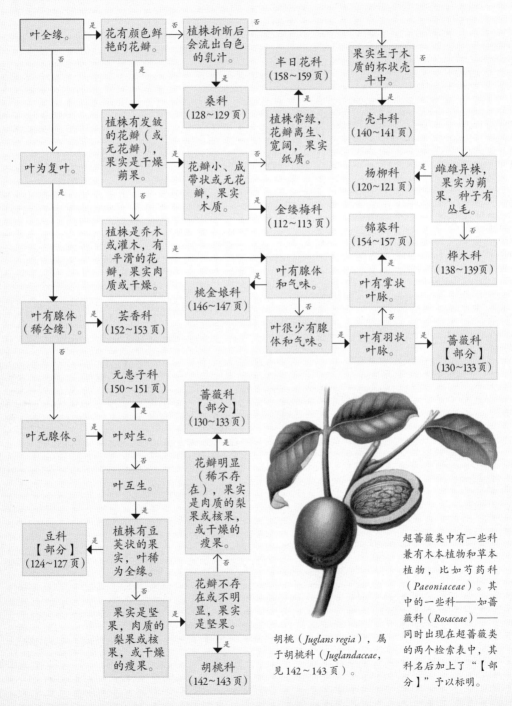

叶全缘。 → 是 → 花有颜色鲜艳的花瓣。 → 否 → 植株折断后会流出白色的乳汁。

叶全缘。 → 否 → 叶为复叶。

花有颜色鲜艳的花瓣。 → 是 → 植株有发皱的花瓣（或无花瓣），果实是干燥蒴果。

植株折断后会流出白色的乳汁。 → 是 → 桑科（128~129页）

植株折断后会流出白色的乳汁。 → 否 → 果实生于木质的杯状壳斗中。

半日花科（158~159页）

植株常绿，花瓣离生、宽阔，果实纸质。 → 半日花科

植株有发皱的花瓣（或无花瓣），果实是干燥蒴果。 → 花瓣小、成带状或无花瓣，果实木质。

花瓣小、成带状或无花瓣，果实木质。 → 植株常绿，花瓣离生、宽阔，果实纸质。

花瓣小、成带状或无花瓣，果实木质。 → 金缕梅科（112~113页）

果实生于木质的杯状壳斗中。 → 是 → 壳斗科（140~141页）

果实生于木质的杯状壳斗中。 → 否 → 雌雄异株，果实为蒴果，种子有丛毛。

雌雄异株，果实为蒴果，种子有丛毛。 → 是 → 杨柳科（120~121页）

雌雄异株，果实为蒴果，种子有丛毛。 → 否 → 桦木科（138~139页）

植株是乔木或灌木，有平滑的花瓣，果实肉质或干燥。 → 是 → 叶有腺体和气味。

植株是乔木或灌木，有平滑的花瓣，果实肉质或干燥。 → 桃金娘科（146~147页）

叶有腺体和气味。 → 是 → 桃金娘科（146~147页）

叶有腺体和气味。 → 否 → 叶很少有腺体和气味。

叶很少有腺体和气味。 → 叶有羽状叶脉。

叶有羽状叶脉。 → 是 → 蔷薇科【部分】（130~133页）

叶有羽状叶脉。 → 叶有掌状叶脉。

叶有掌状叶脉。 → 是 → 锦葵科（154~157页）

叶有腺体（稀全缘）。 → 芸香科（152~153页）

叶为复叶。 → 是 → 叶有腺体（稀全缘）。

叶有腺体（稀全缘）。 → 否 → 叶无腺体。

叶无腺体。 → 是 → 叶对生。

叶对生。 → 是 → 无患子科（150~151页）

叶对生。 → 否 → 叶互生。

叶互生。 → 植株有豆荚状的果实，叶稀为全缘。

植株有豆荚状的果实，叶稀为全缘。 → 是 → 豆科【部分】（124~127页）

植株有豆荚状的果实，叶稀为全缘。 → 否 → 果实是坚果，肉质的梨果或核果，或干燥的瘦果。

果实是坚果，肉质的梨果或核果，或干燥的瘦果。 → 是 → 花瓣不存在或不明显，果实是坚果。

果实是坚果，肉质的梨果或核果，或干燥的瘦果。 → 花瓣明显（稀不存在），果实是肉质的梨果或核果，或干燥的瘦果。

花瓣明显（稀不存在），果实是肉质的梨果或核果，或干燥的瘦果。 → 是 → 蔷薇科【部分】（130~133页）

花瓣明显（稀不存在），果实是肉质的梨果或核果，或干燥的瘦果。 → 否 → 花瓣不存在或不明显，果实是坚果。

花瓣不存在或不明显，果实是坚果。 → 胡桃科（142~143页）

胡桃（*Juglans regia*），属于胡桃科（*Juglandaceae*，见142~143页）。

超蔷薇类中有一些科兼有木本植物和草本植物，比如芍药科（*Paeoniaceae*）。其中的一些科——如蔷薇科（*Rosaceae*）——同时出现在超蔷薇类的两个检索表中，其科名后加上了"【部分】"予以标明。

超蔷薇类（草本植物）检索表

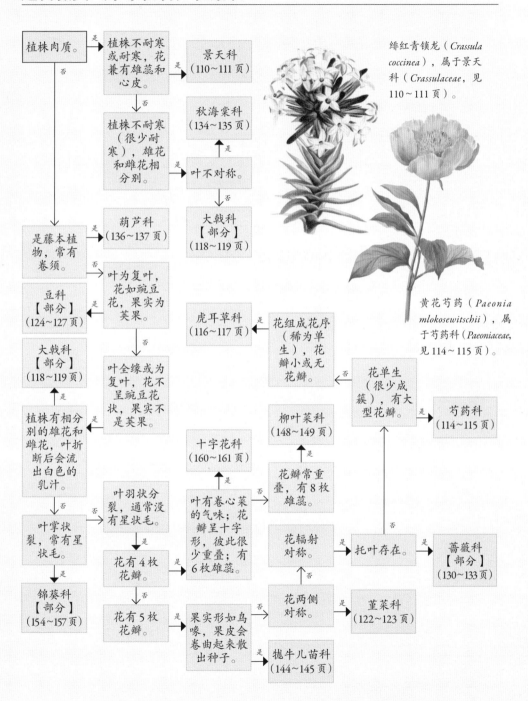

植株肉质。 →是→ 植株不耐寒或耐寒，花兼有雄蕊和心皮。 →是→ 景天科（110~111 页）

绯红青锁龙（*Crassula coccinea*），属于景天科（*Crassulaceae*，见110~111 页）。

植株肉质。 →否→ 是藤本植物，常有卷须。

植株不耐寒或耐寒，花兼有雄蕊和心皮。 →否→ 植株不耐寒（很少耐寒），雄花和雌花相分别。

植株不耐寒（很少耐寒），雄花和雌花相分别。 →是→ 叶不对称。 →是→ 秋海棠科（134~135 页）

叶不对称。 →否→ 大戟科【部分】（118~119 页）

是藤本植物，常有卷须。 →是→ 葫芦科（136~137 页）

是藤本植物，常有卷须。 →否→ 叶为复叶，花如豌豆花，果实为荚果。

叶为复叶，花如豌豆花，果实为荚果。 →是→ 豆科【部分】（124~127 页）

叶为复叶，花如豌豆花，果实为荚果。 →否→ 叶全缘或为复叶，花不呈豌豆花状，果实不是荚果。

花组成花序（稀为单生），花瓣小或无花瓣。 →是→ 虎耳草科（116~117 页）

黄花芍药（*Paeonia mlokosewitschii*），属于芍药科（*Paeoniaceae*，见114~115 页）。

花单生（很少成簇），有大型花瓣。 →否→ 花组成花序（稀为单生），花瓣小或无花瓣。

花单生（很少成簇），有大型花瓣。 →是→ 芍药科（114~115 页）

大戟科【部分】（118~119 页）

叶全缘或为复叶，花不呈豌豆花状，果实不是荚果。 →是→ 植株有相分别的雄花和雌花，叶折断后会流出白色的乳汁。

植株有相分别的雄花和雌花，叶折断后会流出白色的乳汁。 →是→ 大戟科【部分】（118~119 页）

花瓣常重叠，有 8 枚雄蕊。 →是→ 柳叶菜科（148~149 页）

叶有卷心菜的气味；花瓣呈十字形，彼此很少重叠；有 6 枚雄蕊。 →是→ 十字花科（160~161 页）

花辐射对称。 →是→ 花瓣常重叠，有 8 枚雄蕊。

植株有相分别的雄花和雌花，叶折断后会流出白色的乳汁。 →否→ 叶掌状裂，常有星状毛。

叶掌状裂，常有星状毛。 →否→ 叶羽状分裂，通常没有星状毛。

叶羽状分裂，通常没有星状毛。 →是→ 花有 4 枚花瓣。

花有 4 枚花瓣。 →否→ 花有 5 枚花瓣。

花辐射对称。 →是→ 托叶存在。 →是→ 蔷薇科【部分】（130~133 页）

托叶存在。 →否→ 蔷薇科【部分】（130~133 页）

花辐射对称。 →否→ 花两侧对称。

花两侧对称。 →是→ 堇菜科（122~123 页）

叶掌状裂，常有星状毛。 →是→ 锦葵科【部分】（154~157 页）

花有 5 枚花瓣。 →是→ 果实形如鸟喙，果皮会卷曲起来散出种子。

果实形如鸟喙，果皮会卷曲起来散出种子。 →是→ 牻牛儿苗科（144~145 页）

超菊类检索表

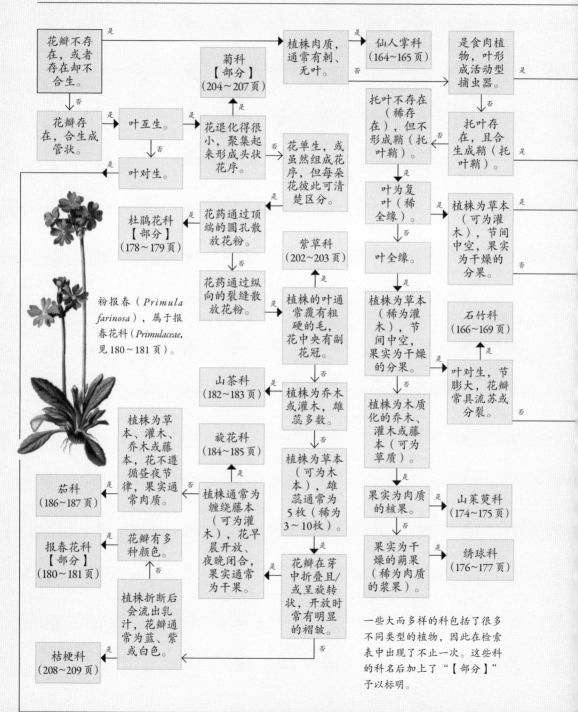

花瓣不存在，或者存在却不合生。 —是→ 植株肉质，通常有刺、无叶。 —是→ 仙人掌科（164~165页）

植株肉质，通常有刺、无叶。 —否→ 是食肉植物，叶形成活动型捕虫器。 —是→

花瓣存在，合生成管状。 —否↓

菊科【部分】（204~207页）

叶互生。 —是→ 花退化得很小，聚集起来形成头状花序。 —是→ 菊科【部分】（204~207页）

叶互生。 —否↓ 叶对生。

花退化得很小，聚集起来形成头状花序。 —否→ 花单生，或虽然组成花序，但每朵花彼此可清楚区分。

花药通过顶端的圆孔散放花粉。 —是→ 杜鹃花科【部分】（178~179页）

花药通过顶端的圆孔散放花粉。 —否↓ 花药通过纵向的裂缝散放花粉。

粉报春（*Primula farinosa*），属于报春花科（*Primulaceae*，见180~181页）。

花单生，或虽然组成花序，但每朵花彼此可清楚区分。 —是→ 托叶不存在（稀存在），但不形成鞘（托叶鞘）。 / 紫草科（202~203页）

是食肉植物，叶形成活动型捕虫器。 —否→ 托叶存在，且合生成鞘（托叶鞘）。

托叶不存在（稀存在），但不形成鞘（托叶鞘）。 —是↓ 叶为复叶（稀全缘）。 —否↓ 叶全缘。

叶为复叶（稀全缘）。 / 植株为草本（可为灌木），节间中空，果实为干燥的分果。

植株的叶通常覆有粗硬的毛，花中央有副花冠。 —是→ 紫草科（202~203页）

植株的叶通常覆有粗硬的毛，花中央有副花冠。 —否↓ 植株为乔木或灌木，雄蕊多数。

叶全缘。 / 植株为草本（稀为灌木），节间中空，果实为干燥的分果。

植株为乔木或灌木，雄蕊多数。 —是→ 山茶科（182~183页）

植株为草本（稀为灌木），节间中空，果实为干燥的分果。 / 石竹科（166~169页）

植株为乔木或灌木，雄蕊多数。 —否↓ 植株为草本（可为木本），雄蕊通常为5枚（稀为3~10枚）。

植株为木质化的乔木、灌木或藤本（可为草质）。

叶对生，节膨大，花瓣常具流苏或分裂。

植株通常为缠绕藤本（可为灌木），花早晨开放，夜晚闭合，果实通常为干果。 —是→ 旋花科（184~185页）

植株为草本（可为木本），雄蕊通常为5枚（稀为3~10枚）。 —否↓ 花瓣在芽中折叠且/或呈旋转状，开放时常有明显的褶皱。

果实为肉质的核果。 —是→ 山茱萸科（174~175页）

果实为肉质的核果。 —否↓ 果实为干燥的蒴果（稀为肉质的浆果）。 —是→ 绣球科（176~177页）

植株为草本、灌木、乔木或藤本，花不遵循昼夜节律，果实通常肉质 —是→ 茄科（186~187页）

植株通常为缠绕藤本（可为灌木），花早晨开放，夜晚闭合，果实通常为干果。 —否↓

花瓣有多种颜色。 —是→ 报春花科【部分】（180~181页）

花瓣有多种颜色。 —否↓ 植株折断后会流出乳汁，花瓣通常为蓝、紫或白色。 —是→ 桔梗科（208~209页）

花瓣在芽中折叠且/或呈旋转状，开放时常有明显的褶皱。 —否→

一些大而多样的科包括了很多不同类型的植物，因此在检索表中出现了不止一次。这些科的科名后加上了"【部分】"予以标明。

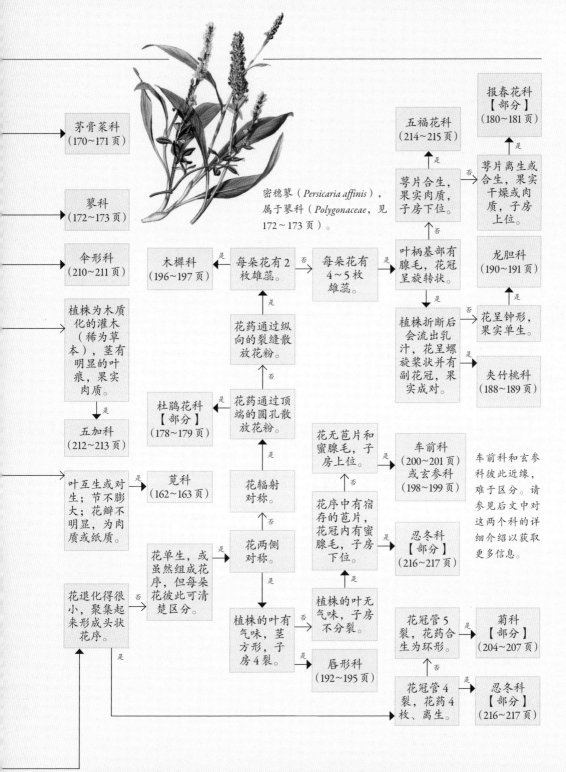

茅膏菜科
（170~171页）

蓼科
（172~173页）

密穗蓼（*Persicaria affinis*），属于蓼科（*Polygonaceae*，见172~173页）。

报春花科
【部分】
（180~181页）

五福花科
（214~215页）

萼片离生或合生，果实干燥或肉质，子房上位。

是

否

萼片合生，果实肉质，子房下位。

是

龙胆科
（190~191页）

叶柄基部有腺毛，花冠呈旋转状。

是

否

伞形科
（210~211页）

木樨科
（196~197页）

每朵花有2枚雄蕊。

否

每朵花有4~5枚雄蕊。

是

植株折断后会流出乳汁，花呈螺旋桨状并有副花冠，果实成对。

否

是

花呈钟形，果实单生。

否

夹竹桃科
（188~189页）

植株为木质化的灌木（稀为草本），茎有明显的叶痕，果实肉质。

是

花药通过纵向的裂缝散放花粉。

是

否

五加科
（212~213页）

杜鹃花科
【部分】
（178~179页）

花药通过顶端的圆孔散放花粉。

是

花无苞片和蜜腺毛，子房上位。

是

否

车前科
（200~201页）或玄参科
（198~199页）

车前科和玄参科彼此近缘，难于区分。请参见后文中对这两个科的详细介绍以获取更多信息。

叶互生或对生；节不膨大；花瓣不明显，为肉质或纸质。

苋科
（162~163页）

否

花辐射对称。

是

花序中有宿存的苞片，花冠内有蜜腺毛，子房下位。

否

是

忍冬科
【部分】
（216~217页）

花单生，或虽然组成花序，但每朵花彼此可清楚区分。

花两侧对称。

是

否

植株的叶有气味，茎方形，子房4裂。

植株的叶无气味，子房不分裂。

否

是

花退化得很小，聚集起来形成头状花序。

否

是

是

唇形科
（192~195页）

花冠管5裂，花药合生为环形。

是

菊科
【部分】
（204~207页）

否

花冠管4裂，花药4枚、离生。

是

忍冬科
【部分】
（216~217页）

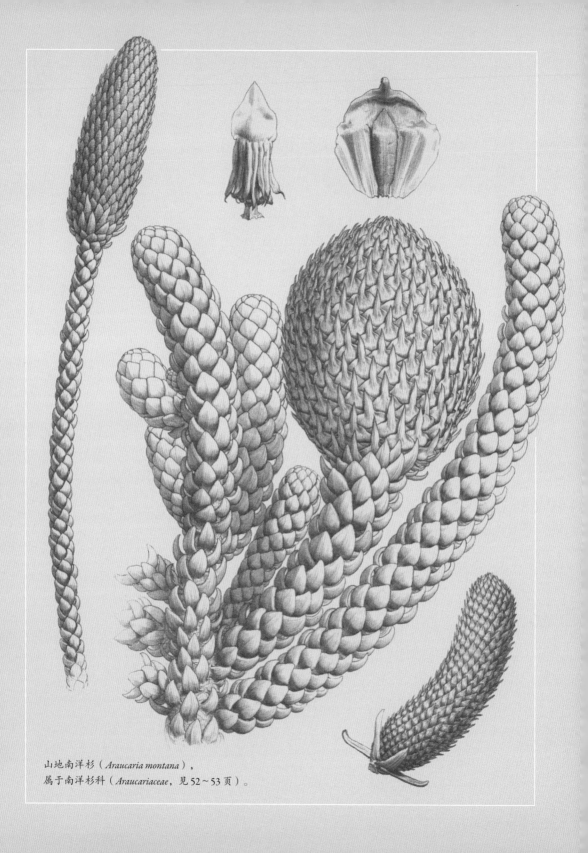

山地南洋杉（*Araucaria montana*），
属于南洋杉科（*Araucariaceae*，见52～53页）。

第一章
裸子植物

裸子植物是至今尚存的最古老的种子植物。种子植物在定义上包括所有结种子的植物。被子植物（有花植物）也属于种子植物。裸子植物与被子植物的一个区别在于裸子植物没有花。

顾名思义，"裸子"就是"裸露的种子"的意思。上述两大类群的另一个区别在于：被子植物的胚珠包在子房里，裸子植物的胚珠则没有包被。

裸子植物是高度演化的植物，有复杂的维管系统和特殊的形态结构，比如用来支撑植株的木质化组织，以及用来生殖的球花（球果）。裸子植物曾经统治陆地达数百万年之久。今天，尽管裸子植物的统治地位已经为被子植物所取代，但裸子植物仍然占领了地球表面的大片区域。

园艺师会发现很容易将裸子植物和其他植物区别开来，只看形态外观就可以办到。人们熟悉的松柏类和苏铁类都是裸子植物。

苏铁科、蕨铁科与泽米铁科

Cycadaceae/Stangeriaceae/Zamiaceae

苏铁类是个小类群，与更为常见的松柏类不太相像，容易被误认成棕榈类或蕨类。它们通常是只有单一主干而几乎不分枝的乔木，或者树干几乎全长在地下的灌木。

规模

苏铁类包含大约 300 种，可以分成 3 个科：苏铁科，它只包括 1 个属——苏铁属（*Cycas*）；蕨铁科，它包括蕨铁属（*Stangeria*）和多羽铁属（*Bowenia*）；泽米铁科，它包括 8 属。

Zamia poeppigiana
镰羽沟扇铁

分布范围

苏铁类一般分布于非洲、东南亚、澳大拉西亚和拉丁美洲的热带地区。只有很少几个种能在较冷凉的气候下生长良好；广泛栽培的苏铁（*Cycas revoluta*）在欧洲仅能在气候最温和的地方的室外存活，不过常作为室内植物种植。

起源

苏铁类的化石可以追溯到大约 2.8 亿年前的二叠纪，甚至可能更早的石炭纪；早在恐龙漫步于地球之前，苏铁类就已经遍布各地了。然而，今天存活的种可能只在最近 1,200 万年中才演化出来。

球果

苏铁类的球花生于叶丛中央，雄球花和雌球花生于不同的植株上。雄球花由多数鳞片构成，每枚鳞片有成簇的组织，可以释放大量花粉。雌球花与雄球花类似，但通常更大，颜色更鲜艳，每枚鳞片生有 2 枚胚珠。在苏铁属中，胚珠生于叶状的鳞片上，鳞片在茎顶疏松地排列而并不聚集成真正的球

苏铁属（*Cycas*）
的种子形成叶
状鳞片

Cycas circinalis
拳叶苏铁

苏铁类的植株雌雄异株。雄株产生花粉，雌株则结出种子，正如图中的这株。

濒危种

　　苏铁类在地球上存在了至少 3 亿年，这可能会让你以为它们不会受到什么威胁。然而，它们中至少有四分之一的种现已濒危。南非的伍德氏非洲铁（*Encephalartos woodii*）现已在野外灭绝，只剩下由野外最后一棵树的插条繁殖而成的栽培植株。很可惜，这棵树是雄性，而雌性植株再未找到，于是伍德氏非洲铁只能通过遗传信息完全相同的插条在植物园里繁衍生存。苏铁类所遭受的最常见的威胁是生境的破坏，非法采集植株供园艺应用也给苏铁类的生存带来了很大的麻烦。从苏铁类树干的髓中提取的淀粉可供烹饪之用，这也会威胁到苏铁类的居群。苏铁淀粉富含神经毒素，食用前必须小心加工，以免中毒。

果，每枚鳞片有 2～8 枚胚珠。苏铁类通常由甲虫传粉；受精的种子常发育出颜色鲜艳的肉质种皮，以吸引动物进行种子的传播。

叶

　　苏铁类的叶通常形似棕榈类的叶，小叶多数，沿中央的叶轴排列。多羽铁属比较独特，有分割了两次的"二回"复叶。叶常粗硬、革质，偶尔会生有刺，在茎顶形成叶丛。老叶的叶轴在树干上排布。在正常的叶中间还能见到名为"低出叶"的鳞片状叶。叶脉可用于鉴定苏铁类的这 3 个科：苏铁科的小叶有一条中脉；蕨铁科有一条中脉，两旁有侧脉；泽米铁科有许多平行排列的叶脉。

Bowenia spectabilis
多羽铁

银杏科 *Ginkgoaceae*

"独一无二"是最适合用来描述银杏这种落叶树的词语——扇形的叶子使得人们能够将银杏和所有其他的已知树种区分开来。尽管种子裸露这个特征使得银杏科被归入裸子植物，但它与裸子植物中其他类群的准确关系仍不确定。

规模

银杏科只有一个现生种——银杏。这个科也是银杏门（*Ginkgophyta*）、银杏纲（*Ginkgoopsida*）、银杏目（*Ginkgoales*）的唯一成员。

分布范围

尽管现在银杏在全世界广泛栽培，但其准确的地理起源地尚不确定。中国浙江省有银杏的一个居群，它以前被认为是野生居群，但后来人们发现其遗传多样性非常低，

园艺中的应用

银杏这种古老的树种对污染有惊人的耐受力，所以是城市里优秀的行道树。不过，应避免种植雌株，因为其种子会散发出刺鼻的气味，非常难闻。对于小花园，可以选择矮化的品种，比如地精（'Gnome'）、山怪（'Troll'）或马里肯（'Mariken'）。

这说明它很可能源于栽培。青藏高原边缘分布的古老银杏树较为多样化。考虑到银杏的广泛栽培，很难确定它是否实际上已经在野外灭绝了。

起源

银杏属（*Ginkgo*）是著名的"活化石"。银杏类化石易于辨认，最早的化石可追溯到 1.9 亿年前的侏罗纪早期，其可能的祖先类型更可追溯到 2.7 亿年前的二叠纪。世界很多地方的化石层中都发现了银杏类的化石，这些证据说明我们今天见到的银杏是一个曾经分布更广泛的类群的孑遗。

Ginkgo biloba
银杏

球花

和苏铁类一样，银杏雌雄异株。春天，雄株萌发出新叶，长出柔荑花序状的雄球花。雄球花在枝头悬垂，让风把花粉散播出去。雌株不结球花，而是在每个长梗上长出一对胚珠。每枚胚珠会分泌一滴黏液，用来捕捉风中的花粉。胚珠在树上一直生长到秋季，那时胚珠外面会发育出一层柔软的肉质包被。接下来完成受精，然后肉质的包被开始散发出浓烈的臭味。现在还不清楚哪种饥饿的动物会被这种气味所吸引，也许这种动物现在已经灭绝。

叶

银杏叶的形状有点儿像蕨类中的铁线蕨属（英文名是"maidenhair fern"），所以银杏的英文名是"maidenhair tree"（铁线蕨树）。银杏叶为扇形，正中有裂口，有时还有更多的凹缺和裂片。植物繁育师培育出的银杏品种叶形各种各样：有的具花纹，有的呈管状或扭曲状，有的有更多裂口，有的则没有裂口。银杏叶在秋季凋落之时会变成明亮的金黄色，这让银杏成为可以与深色常绿树形成鲜明对比的优良树种。银杏树分枝稀疏，叶并不生于新生大枝上，而是簇生在木质短侧枝的顶端，这很像落叶松属。

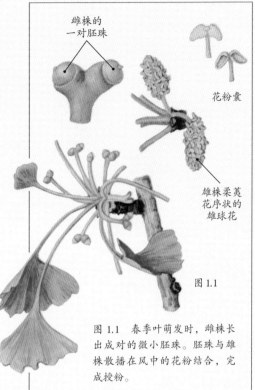

雌株的一对胚珠

花粉囊

雄株柔荑花序状的雄球花

图 1.1

图 1.1 春季叶萌发时，雌株长出成对的微小胚珠。胚珠与雄株散播在风中的花粉结合，完成授粉。

图 1.2 秋季叶变成金黄色时，胚珠利用春季贮藏的花粉完成受精。由此发育而成的种子的外面有一层肉质包被。

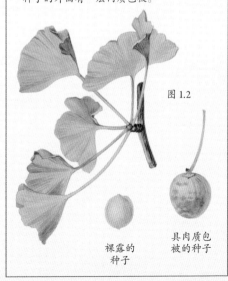

图 1.2

裸露的种子

具肉质包被的种子

南洋杉科 *Araucariaceae*

南洋杉科是非常古老的松柏类植物，为高大的常绿树。南洋杉科树种有粗大的柱状树干和轮生的枝条，叶在枝上层层重叠，这些都是它们展示出的独特原始特征。

Agathis dammara
贝壳杉

1994 年，南洋杉科新增了一个树种——凤尾杉（*Wollemia nobilis*），这个发现在公布之后轰动世界。此前，人们以为凤尾杉已经在 1.5 亿多年前灭绝，但在澳大利亚东部一个偏远的地方却发现了这种树的一小片树林。如今它已被引种栽培。西隔塔斯曼海与澳大利亚相望的新西兰生长着新西兰贝壳杉（*Agathis australis*），它是地球上最大的树种之一。

规模

南洋杉科曾经是个大科，但现在仅余 3 属，即贝壳杉属（*Agathis*）、南洋杉属（*Araucaria*）和凤尾杉属（*Wollemia*）。来自凉爽气候区的园艺师最为熟悉的树种可能是智利南洋杉（*Araucaria araucana*）。它既耐寒又有独特的树形，所以已经被广泛引种到世界各地的花园中。来自温暖气候区的园艺师则可能更熟悉异叶南洋杉（*Araucaria heterophylla*），它在沿海地区被作为行道树广泛栽培。

分布范围

南洋杉科孑遗种的分布范围以南太平洋、南美洲和澳大拉西亚地区一带为中心。该科的学名来自智利南部的阿劳科省（Arauco），那里是智利南洋杉的原产地。

起源

南洋杉科在石炭纪期间（3.59 亿～2.99 亿年前）达到数量的顶峰，在侏罗纪和白垩纪期间（2 亿～6,600 万年前）最为多样化。化石记录显示恐龙的灭绝与南洋杉科的衰退恰好同时。

Araucaria araucana
智利南洋杉

叶

南洋杉科的常绿叶在茎上呈螺旋形排列，可存留数年。很多种的叶小而弯曲，呈针状，摸起来十分柔软，但智利南洋杉的鳞叶宽厚锐利，非常不便触碰。贝壳杉属则有宽大的羽状叶，看上去一点儿都不像松柏类。

球果

南洋杉科的雌球果又大又圆，生于枝顶直立的茎上，看上去不同寻常。如果它在掉落时刚好砸在从树下路过的人身上，则可导致严重的伤害。南洋杉科一些树种的种子被视为美味。

园艺中的应用

南洋杉科树种常作为景观树种植，其外观有强烈的构景性。但除了那些大型花园之外，它们的株形对一般的花园来说过于巨大。常见的栽培种有智利南洋杉、异叶南洋杉、大叶南洋杉（*Araucaria bidwillii*）和南洋杉（*Araucaria cunninghamii*）。凤尾杉已有引种尝试，有朝一日也可能会像其他树种那样广泛栽培。

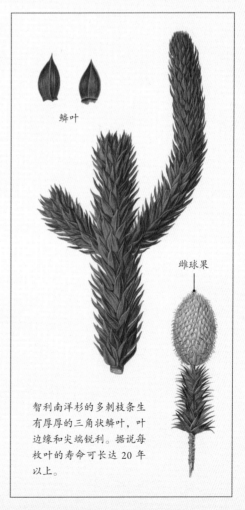

鳞叶

雌球果

智利南洋杉的多刺枝条生有厚厚的三角状鳞叶，叶边缘和尖端锐利。据说每枚叶的寿命可长达 20 年以上。

罗汉松科 *Podocarpaceae*

几年前还有很多学者怀疑罗汉松科不是真正的松柏类。该科在形态上确实有一些不同寻常之处，比如它们生有肉质的"浆果"。人们以前曾根据形态学特征认为这群树种属于一个独立的类群。然而，现在 DNA 证据表明罗汉松科是真正的松柏类。

规模

罗汉松科已被描述的有 172 种。其中园艺师最熟悉的属包括陆均松属（*Dacrydium*）、叶枝杉属（*Phyllocladus*）、罗汉松属（*Podocarpus*）和核果杉属（*Prumnopitys*）。所有的种都是常绿的灌木和乔木。

分布范围

罗汉松科主要分布在南半球，以澳大拉西亚地区为中心，分布于澳大利亚大陆和周边的新西兰、新喀里多尼亚和塔斯马尼亚岛，此外也见于南美洲。

起源

广袤的罗汉松科森林一度在南极洲上繁茂生长。那时的南极洲还是冈瓦纳古陆的一部分，其气候要比今天温暖得多、湿润得多。在早白垩纪期间，冈瓦纳古陆开始解体，留下了一些史前幸存者，它们零星分布在南半球。

Phyllocladus hypophyllus
南洋叶枝杉

南洋叶枝杉的叶状枝形如蕨叶或芹菜叶，非常奇特。不过，这种植物更为世人称赞的是其质地优良的木材。

叶

罗汉松科的单枚叶呈螺旋状排列，表面上看或排成 2 列，或为微小的鳞片状。叶枝杉属略有不同。这个属植物的微小的鳞片状叶会很快变成褐色并凋落。之后，高度变态的叶状枝条（植物学上叫"叶状枝"）会担负起光合作用的职责，从而让这个属的树种有了蕨类一般的独特外观——它们的叶状枝看上去也有点儿像芹菜叶。

Prumnopitys montana
山地核果杉

果实

人们很容易把罗汉松科和红豆杉科混为一谈，因为其雌株均生有类似的肉质"浆果"——尽管从植物学上的严格定义来说，它们并不是真正的浆果。事实上，罗汉松科的学名 *Podocarpaceae* 来自古希腊语中的 *podus*（足）和 *karpos*（果实），指的是其"果梗"及浆果状的肉质"果实"，它们是罗汉松科的很多种都具备的特征。罗汉松科每个属的"果实"都非常有特点，这对鉴定很有帮助。有的种子完全为肉质的假种皮所包被，比如核果杉属；有的种子则位于假种皮的顶部，比如雪生罗汉松（*Podocarpus nivalis*）；偶尔"果实"也会有颜色鲜艳的

Podocarpus neriifolius
百日青

百日青有奇特的状似浆果的"果实"。其种子有肉质覆被，并生于肉质种托的顶端。

肉质种托或"果梗"，比如双子罗汉松（*Podocarpus dispermus*）。

毒性

与近缘的红豆杉科一样，罗汉松科树种的各个部位都有毒。在春季和早夏，过多吸入罗汉松科的花粉可引发类似化疗毒副作用的症状。与雄株的接触也可诱发过敏反应。

松科 *Pinaceae*

无论是庄严的雪松还是传统的圣诞树,松科里那些美丽的景观树种都因其球果和针叶而为人们所熟悉。松科也是松柏类中最大的科。科中几乎所有的种都是常绿树,但有2个属例外,它们是落叶松属和金钱松属(*Pseudolarix*)。

规模

松科共有大约225种,可分成12属,其中 7 个属在园艺界可谓人人熟知:冷杉属(*Abies*)、雪松属(*Cedrus*)、落叶松属、云杉属(*Picea*)、松属、黄杉属(*Pseudotsuga*)和铁杉属(*Tsuga*)。

Picea abies
欧洲云杉

分布范围

从地理学的角度来看,松科分布于整个北半球,其大部分种见于温带地区。有些特别的种生长于亚极地,其中包括欧洲赤松(*Pinus sylvestris*)。欧洲赤松是北欧唯一原产的松树,在从欧洲到西伯利亚东部的广阔森林地带广泛分布,在北极圈内也多见;它常与同科树种欧洲云杉(*Picea abies*)成为森林中的优势种。北美短叶松(*Pinus banksiana*)原产加拿大,是松科分布最北的种。松科还有很多亚热带种,特别是在墨西哥,但只有 1 个种越过赤道生长于南半球,那就是印尼苏门答腊岛的苏门答腊松(*Pinus merkusii*)。尽管在温带地区的任何地方你都有可能找到松科的某个种——说不定在你家花园里就有,但松科生物多样性最丰富的地区主要在北美洲、中国和日本。

Cedrus atlantica
北非雪松

起源

尽管松柏类的化石最早可追溯到大约 3 亿年前，但来自侏罗纪的化石表明，最古老的可辨认的松科植物在大约 2 亿～1.5 亿年前开始出现。那时松柏类是陆地上的优势植物，也是恐龙的重要食物来源。松科的这些祖先类型在占据新领土的同时适应了新的环境，最终演化成我们今天看到的松科树种。

叶

松科树种都有针叶，它们或单生，或组成小束、簇或丛，非常独特。唯一可能被错认为是松科植物的树种是金松；它是一个不同寻常的种，自成一科——金松科。金松的针叶也轮生成伞状，这与松科有明显的相似性；但金松的针叶在枝顶簇生，这个特征是松科树种所不具备的。

针叶的排列方式和特征是区分松科树种

Pinus sylvestris
欧洲赤松

图 1.1 落叶松属树种的针叶总是成丛，比如欧洲落叶松（*Larix decidua*）。

图 1.2 松属树种的针叶组成小束，比如北美短叶松（*Pinus banksiana*）。

的重要方法。雪松属和落叶松属的针叶总是聚集成丛或簇，而其他一些树种（如松属）的针叶则组成小束（见上面的图 1.1 和图 1.2）。在针叶单生的树种（云杉属、冷杉属、铁杉属和黄杉属）中，铁杉属比较独特，其针叶排成 2 列。

云杉属、冷杉属和黄杉属的树种是最常见的用来制作圣诞树的树种。可通过触摸针叶来分辨云杉属和冷杉属。如果针叶又软又粗，那它很可能是冷杉属；如果针叶锋利呈刺状，那它一定是云杉属。

Picea glauca
白云杉

雌球花

冷杉属和云杉属的区别之一体现在球果上：冷杉属的球果在树枝上直立，而云杉属的球果下垂。熟悉这些树种的人还会发现：冷杉属的针叶要柔软得多，不那么扎人；而云杉属的针叶更细。

Abies balsamea
香脂冷杉

球果

　　每个人都知道松果大概长什么样，但要想把松科的球果和松柏类其他科的球果区分开来，就要仔细观察球果中鱼鳞一般的鳞片彼此重叠的方式。用植物学术语来说，松科球果的鳞片呈"覆瓦状"排列。松科球果的形状多变，可为卵形或伸长的圆锥形，甚至圆柱形。松科球果的长度为2～40厘米。科中既有落叶松属的小如葡萄的球果，也有大果松（*Pinus coulteri*）的大如凤梨（菠萝，*Ananas comosus*）的巨型球果——人们应当戴上安全帽再走进大果松林。

　　一些属的球果在树枝上直立，比如冷杉属和雪松属；另一些属的球果下垂，比如云杉属和黄杉属。花旗松（*Pseudotsuga menziesii*）虽然看上去很像云杉属，但在其球果鳞片之间会伸出形态奇特、具3枚裂片的"鼠尾"状苞片，从而可与云杉属相区别。

Pinus muricata
糙果松

Pinus coulteri
大果松

球果鳞片

单独 1 枚苞片

Pseudotsuga menziesii
花旗松

黄杉属的花旗松曾被归入
冷杉属，但其球果形态与
冷杉属的非常不同——花
旗松在宿存的球果鳞片之
间有三叉戟状的苞片。

苞片的前面
观和侧面观

松科球果的成熟时间从六个月到两年不
等。球果最终成熟时，要么鳞片在干燥后翘
曲，要么球果本身解体（冷杉属和雪松
属），这时种子会散播出来。有些树种的球
果鳞片只有在极端高温下或经火烘烤之后才
会开裂，这是对易于着火的环境的适应。美
国加利福尼亚州的 3 种"密果松"——糙果松
（*Pinus muricata*）、辐射松（*Pinus radiata*）和瘤
果松（*Pinus attenuata*）就具有这一习性。其他
地区也有类似习性的松树，比如原产地中海
地区的叙利亚松（*Pinus halepensis*）。在森林火
灾之后，种子散播出来，可以在第一场雨之
后立即萌发，占据刚被灼烤过的土地。

园艺中的应用

从松子到松节油，从圣诞树到小提
琴用的松香——更不用说木材的经济价
值，如果没有松科树种，人类生活要贫
乏得多。作为优异的观赏性景观树，松
科有美丽的常绿叶和形态优雅的树形。
松科的种数甚多，这意味着总会有一种
适合你所在地点的气候和土壤条件。松
科唯一的需求是充足的阳光。科中很多
树种耐旱，还有一些树种是最好的海岸
防护林树种；对小型花园来说有很多矮
化品种，比如**拖把**矮赤松（*Pinus mugo*
'Mops'）和**矮小香脂冷杉**（*Abies balsamea*
'Nana'）。

Pseudotsuga menziesii
花旗松

柏科 *Cupressaceae*

柏科是一群长着"蕨叶"的松柏类树木，有时会被误认成冷杉，但它们和松科真正的冷杉属非常不同。柏科大多是常绿乔木或灌木，其中包括名声不佳的莱兰柏（× *Cuprocyparis leylandii*）。

规模

在松柏类中，柏科是相对较大的科，有约130种，其中一些种不太为人所知，但另一些种则在世界上的温带地区广泛栽培。

在柏科的30个属中，较为著名的有扁柏属（*Chamaecyparis*）、柏木属（*Cupressus*）、刺柏属（*Juniperus*）、水杉属（*Metasequoia*）、巨杉属（*Sequoiadendron*）、北美红杉属（*Sequoia*）和崖柏属（*Thuja*）。除水杉属外，所有这些属都是常绿树。栽培品种中有多种灌木状的矮生类型，还有匍匐而铺地的灌木。

分布范围

除热带雨林和极地苔原外，没有被柏科树种占据的生境并不多。柏科树种的地理分布区从斯堪的纳维亚半岛的北极圈地区一直延伸到南美洲的最南端。事实上，原产火地岛的火地柏（*Pilgerodendron uviferum*）是世界上分布最南的松柏类。见于中国西藏山区的滇藏方枝柏（*Juniperus indica*）则是世界上生长位置海拔最高的树木。

欧洲刺柏（*Juniperus communis*）的分布可能比任何其他灌木都更广，它在欧洲、亚洲和北美洲都常见。北美红杉分布于一条狭窄的滨海湿润地带。这一地带长约724千米，宽约32千米，北起美国俄勒冈州的西南隅，南到美国加利福尼亚州的蒙特雷县。北美红杉在那里的松柏类树种中占据优势地位。水杉（*Metasequoia glyptostroboides*）以前仅有化石，直到1941年人们才在中国湖北省一片非常狭小的地域中发现了活植株。和柏科很多其他树种一样，水杉在原产地也已经濒危。

Cupressus sempervirens
地中海柏木

Juniperus sabina
叉子圆柏

Juniperus communis
欧洲刺柏

区第一次碰面。由此产生了一些有趣的杂交种，比如崖柏属的日本种和北美种的杂交种，以及生长迅速、有时因此而名声不佳的莱兰柏。莱兰柏是原产北美洲太平洋西北地区的北美金柏（*Chamaecyparis nootkatensis*）和原产美国加利福尼亚州的大果柏木（*Cupressus macrocarpa*）的杂交种。当这两个种在英国威尔士的莱顿庄园第一次近距离地种植在一起时，人们首次发现了这个杂交种。

Sequoiadendron giganteum
巨杉

巨杉是巨杉属的唯一现生种，是世界上最大的树木，分布在美国加利福尼亚州内华达山脉的一小片地区。

起源

　　三叠纪和侏罗纪的化石展示了松柏类的球果在千百万年中如何演化。英国苏格兰西部斯凯岛出土了一件球果化石，这是已知最古老的柏科化石，把这个科的出现时间提前到了大约 1.7 亿年前。

　　随着大陆板块的漂移、气候的变化，以及地震和火山活动造成的陆地景观本身的改变，柏科的成员逐渐彼此隔离，走上了各自独立的演化道路。在 18 世纪和 19 世纪，植物猎人们开始探索各大洲的植物宝藏，这使得千百万年来那些相距遥远的柏科树种在植物园的引种收集

叶

柏科大多数树种很容易通过形如蕨叶的叶子来识别，看上去有一点儿毛茸茸的感觉。柏科微小的鳞叶成组在茎上着生，每一组鳞片两两相对，通常 2 枚一组，有时则 3 或 4 枚一组。显著的例外是水杉属和北美红杉属，它们较长的针状叶在小枝上排成 2 列，这个特征让一些植物学家过去把它们分到了红豆杉科（见 64~65 页）。

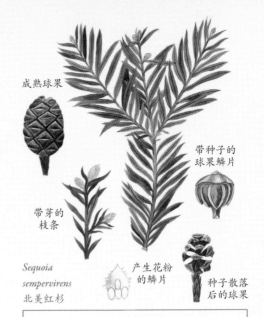

成熟球果

带种子的球果鳞片

带芽的枝条

产生花粉的鳞片

种子散落后的球果

Sequoia sempervirens
北美红杉

雄球花

Chamaecyparis lawsoniana
美国扁柏

扁柏属的球果为球形，很小，只有豌豆那么大。

园艺中的应用

从园艺学的角度来说，柏科树种——特别是刺柏属、扁柏属、柏木属和崖柏属树种——是极为重要的树木，现有数百个栽培类型，既有灌木状的地被品种，又有直立而高大的地中海柏木及其他景观树品种。柏科树皮可呈现非常独特的形态，通常为橙褐色并呈条状剥落，具有纤维状的质地。很多种还很耐修剪，可以种植为稠密的绿篱和障景，修理成形态美观的灌木，甚至打造成各种造型。这样的树种如美国扁柏（*Chamaecyparis lawsoniana*）、莱兰柏、大果柏木、北美乔柏（*Thuja plicata*）和北美香柏（*Thuja occidentalis*）等。

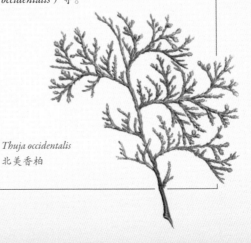

Thuja occidentalis
北美香柏

尽管很难分辨柏科成组对生的鳞叶是 2 枚一组还是 4 枚一组（有时候它们紧密簇生在一起），但刺柏属的叶却易于认出——它们的鳞叶是 3 枚一组。叶的这个特征，加上引人注目的浆果状球果，使得刺柏属树种易于鉴定。柏科的很多树种在幼时有针状的刺叶，到成熟时刺叶就转为鳞叶；刺柏属一些种（如欧洲刺柏）的叶到成年时仍为刺叶。

球果

在柏科中，刺柏属是个另类，因为其球果呈浆果状，而该科所有其他树种的球果都是典型的球果。对具有典型球果的树种来说，其球果的解剖结构是将它们归入柏科（而不是松柏类其他科）的鉴定特征之一。认识柏科某个具体树种的最佳方式可能就是研究它们微小的球果。球果在成熟时由绿色变为褐色并木质化，其外形也会随着鳞片裂开并散出里面的种子而发生变化。

一些不太知名的树种——比如翠柏属（Calocedrus）——具有像橙子那样分"瓣"的球果，球果裂开时呈星形。柏木属和扁柏属都有球形的球果；扁柏属的球果只有豌豆般大小，而柏木属的球果要大得多。崖柏属的球果也像扁柏属的那样小，但在裂开时呈钟形。

水杉属、北美红杉属和巨杉属的球果为卵形，像是松科和柏科球果之间的中间形态。球果上的鳞片不重叠（这一点像松科），通常在成熟后也多年保持绿色和闭合状态。

图 1.1

图 1.2

图 1.1 地中海柏木（*Cupressus sempervirens*）是柏木属树种。其球果呈球形，直径 3～4 厘米，具 10～14 枚鳞片。

图 1.2 日本扁柏（*Chamaecyparis obtusa*）是扁柏属树种。其球果呈球形，直径 1 厘米，具 8～12 枚鳞片。

图 1.3 巨杉（*Sequoiadendron giganteum*）是巨杉属树种。其球果巨大，直径 4～7 厘米，具 30～50 枚螺旋形排列的鳞片。

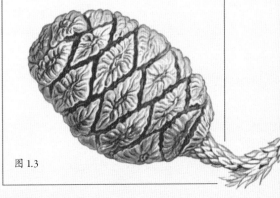

图 1.3

红豆杉科 *Taxaceae*

红豆杉科一个明显的特征是不结球果。并且，这个科的树种的胚珠或种子均为单生，种子为肉质的假种皮所包围。植物学家因此把这个科与真正的松柏类树种区分开来。不过，现在的 DNA 分析表明，红豆杉科与真松柏类的亲缘关系要比人们以往所认为的近得多。

规模

红豆杉科是个相对较小的科，有 28 种，为小型至中型的乔木和灌木。榧属（*Torreya*）、红豆杉属（*Taxus*）和三尖杉属（*Cephalotaxus*）是该科最知名的 3 个属。

分布范围

红豆杉科广布于北半球，横跨北美洲和亚洲，向南分布到东南亚和中美洲。南紫杉（*Austrotaxus spicata*）是个另类，它生于太平洋岛屿中的新喀里多尼亚，与罗汉松科（见 54～55 页）亲缘关系密切。

起源

红豆杉科的树种非常相似，来自一个共同的祖先——古紫杉属（*Paleotaxus*，现已灭绝），之后为地理屏障所分隔。历经千百万年的演化，它们分化成为若干不同的属，其中一些存活至今。

Taxus baccata 'Fastigiata'
爱尔兰红豆杉

园艺中的应用

作为可修剪的灌木、障景或绿篱时，红豆杉科在花园中有重大的价值。其长势中等，叶色深绿，树形整洁，这些特性使其成为优良的植物。作为乔木时，红豆杉科树种更为粗犷，可形成浓密的树荫，常见于教堂庭园中。其植株有剧毒，可用于提取抗肿瘤药紫杉醇。

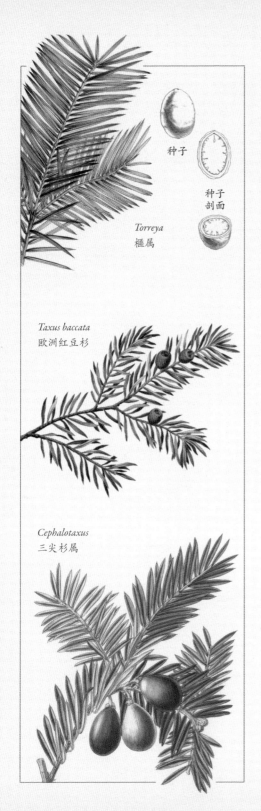

种子

种子
剖面

Torreya
榧属

Taxus baccata
欧洲红豆杉

Cephalotaxus
三尖杉属

叶

　　红豆杉科的叶形态高度一致。在未训练过的人的眼中，它们看上去非常相像。深绿色的常绿叶在茎上排成螺旋形，但因为叶的基部大都会扭转，所以叶看上去就好像排成2列。这种叶序会导致人们容易将红豆杉科与其他松柏类树种——特别是柏科的北美红杉、巨杉及水杉——相混淆，但后者会结球果，种子也没有肉质假种皮。榧属的叶顶端尖锐，但红豆杉属不是这样。

"果实"

　　红豆杉科的"果实"颜色鲜艳，与深绿色、有时暗淡无光的叶形成鲜明对比，极具观赏性。只有雌树会结"果实"，每个"果实"中含有1粒种子，种子外面有肉质的包被（假种皮）。颜色鲜艳的假种皮可半包或几乎全包有剧毒的种子。鸟类被颜色亮丽、甜而多汁的假种皮所吸引。被鸟类吃下去的种子可完好无损地经过其肠道，由此通过鸟粪得到传播。

　　红豆杉科的假种皮通常为红色。白豆杉属（*Pseudotaxus*）是个例外，其假种皮为白色。榧属种子的假种皮较薄，种子看上去像木樨榄。日本榧（*Torreya nucifera*）的种子可以食用，是当地的一种美食。

圣母百合（*Lilium candidum*），
属于百合科（*Liliaceae*，
见78~79页）。

第二章

单子叶植物和早期被子植物

在装点景观时，园艺植物的吸引力大部分来自美丽的花朵。被子植物是唯一能开花的类群。尽管动物传粉者是花朵的目标观众，但园艺师也知道如何欣赏它们的魅力。

被子植物出现于大约 1.3 亿年前，一些早期先驱者的后代存活至今，比如睡莲科和木兰科植物。这些早期的支系常有较大的花朵以及颜色鲜艳的花瓣，还有多样的生长习性，因此为园艺师提供了多种选择。

如今，被子植物是地球现生植物中最大的类群，又可分为两大类：单子叶植物和真双子叶植物。尽管单子叶植物相比而言种类较少，但它们的实力不可小觑。单子叶植物不光包括了谷物等关键作物，也包括了众多重要的园艺植物。观赏草、异域的兰花、芳香的百合、很多春季球根花卉，以及长着令人赏心悦目的叶子的玉簪、棕榈类和芭蕉全都属于多样的单子叶植物。去留意一下那些花部为 3 数、叶有平行脉的花卉吧，这两点是单子叶植物的鉴定特征。

睡莲科 *Nymphaeaceae*

睡莲科为多年生水生植物,易于识别,这要部分归功于法国印象派画家克劳德·莫奈(Claude Monet)。这个科的植物可为池塘和湖泊带来静谧的感觉,因而广受人们喜爱。

规模

睡莲科有约 95 种,多数种属于栽培广泛的睡莲属。同样常见栽培的还有萍蓬草属(*Nuphar*)、芡属(*Euryale*)和王莲属(*Victoria*),其中后两个属有巨大的叶片。

分布范围

被子植物早期演化出来的科大多数是孑遗植物,其分布限于孤立的岛屿,但睡莲科却遍布全球。它们见于除南极洲之外的所有大洲,不过通常不分布于极地、苔原和荒漠地区。

起源

睡莲科化石可追溯到 9,000 万年前的晚白垩纪。需要注意的是,莲(*Nelumbo nucifera*)虽然表面上与睡莲科形态相似,但有比较晚近的起源,现在独立成科——莲科(*Nelumbonaceae*)。

花

睡莲科的花单生,要么浮于水面,要么挺在水面之上。萼片 6～12 枚,有些为绿色,有些色彩鲜艳。花瓣 8 枚或更多,逐渐过渡为多数雄蕊。有些花瓣具有部分成形的花药。柱头大,呈盘状,位于花心。

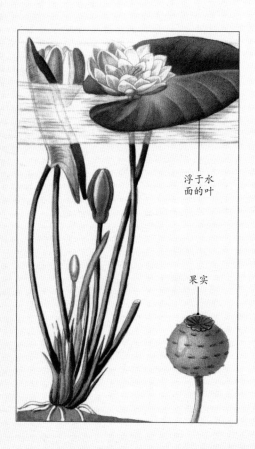

浮于水面的叶

果实

Nymphaea alba
白睡莲

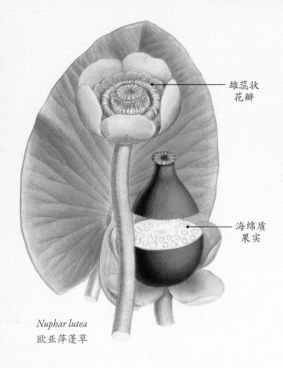

雄蕊状
花瓣

海绵质
果实

Nuphar lutea
欧亚萍蓬草

果实

果实海绵质，膨大，开裂之后将种子散向水中。萍蓬草属的果实为瓶状，始终浮于水面上，而睡莲科其他属的果实会沉在水中。

叶

浮于水面的叶通常为圆形，但也可较狭窄或为箭头状。萍蓬草属的种常有许多莴苣状的沉水叶。叶表面的毛可分泌黏液，这种黏性物质让叶片呈现出黏滑的质地。叶从水平生长的粗大的根状茎中生出，根状茎则生于湖床上。王莲属和芡属的巨大叶片由交织成网的肋所支撑，叶片下表面覆有刺。王莲属的叶还有向上翻卷的边缘，据说其硕大的叶片十分强壮，足以支撑一个小孩的重量。

园艺中的应用

没有睡莲的池塘是不完整的，但睡莲科植物偏爱静水，叶在其中不会被水淹没，因此要避免池塘中出现来自溪流或泉水的湍急水流。另外，在选择睡莲品种时要慎重，因为诸如白睡莲（*Nymphaea alba*）之类较大的种很容易完全覆盖一片较小的池塘。在购买睡莲时，要先查看标签，上面会标明适合这个种的水深，然后选择与你家池塘深度相符的种。

生境

睡莲在英文中叫"waterlily"（水百合）。正如这一名字所示，睡莲科大多数植物部分或全部沉于水下。然而，世界上最小的睡莲——温泉睡莲（*Nymphaea thermarum*）生于卢旺达一个温泉边上的湿润泥地上。不幸的是，当地农民已经把这片水域开垦为农田，毁灭了温泉睡莲的生境。如今这种植物只存在于植物园中。

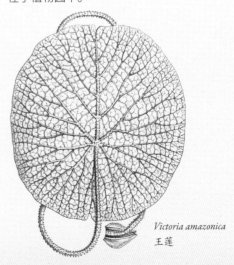

Victoria amazonica
王莲

木兰科 *Magnoliaceae*

木兰科是个独特的科，为乔木或灌木，有通常大而艳丽的花，不易与其他科混淆。科中有一些大型乔木，还有更多小型的适合几乎所有花园种植的种。

规模

木兰科有 221 种，在历史上曾分为 12 个或更多的属，但现在在欧美人们只承认 2 个属。鹅掌楸属（*Liriodendron*）有 2 个种，其他种都归入木兰属。

分布范围

木兰属仅见于亚洲东南部和美洲，可生于热带和温带。鹅掌楸属的分布也呈现出类似的格局——一个种（北美鹅掌楸〔*Liriodendron tulipifera*〕）产于北美洲东部，另一个种（鹅掌楸〔*Liriodendron chinense*〕）产于中国。

起源

木兰科有大量化石，可定年到 1.05 亿年前的白垩纪。从白垩纪晚期开始，木兰科化石的数目更是有很大的增长。鹅掌楸属的种子化石最早见于 9,350 万年前。木兰科 2 个属的化石均见于它们的现生种分布范围以外的欧洲。

花

木兰科的花朵引人注目，部分原因在于木兰科的一些种在春季先开花后长叶。当然，并不是所有种都如此，特别是常绿种。木兰科的花单生，开放前被包于 1 或多枚纸质、常有毛的苞片中。随着花芽膨大，苞片凋落。每朵花均生有一个圆锥状的花托，所有花部结构以螺旋状排列其上。

Magnolia denudata
玉兰

园艺中的应用

落叶的滇藏玉兰（*Magnolia campbellii*）、常绿的荷花木兰（*Magnolia grandiflora*）以及鹅掌楸属的 2 个种是大乔木。如果空间不受限制，这样的大乔木可让花园颇具特色。星花玉兰（*Magnolia stellata*）、天女花（*Magnolia sieboldii*）等较小的树种具有向下悬垂的花，适合空间狭小的花园。云南含笑（*Magnolia laevifolia*）和含笑（*Magnolia figo*）的品种修剪之后可以成为芳香的绿篱。

Magnolia campbellii
滇藏玉兰

像这张图片上的滇藏玉兰（*Magnolia campbellii*）一样，木兰属所有的花在中央都生有圆锥状的花托，花瓣、雄蕊和心皮以螺旋状排列其上。

萼片和花瓣多数，色泽艳丽，二者通常区分不明显。雄蕊亦多数，具短粗的花丝。花心是一簇心皮，每枚心皮具钩状的柱头。

果实

授粉之后，心皮膨大，常与邻近的心皮愈合，形成形状独特的聚合果。木兰属成熟的心皮叫蓇葖果。每一枚果实裂开之后可散出单独 1 粒种子，种子具红色或橙色的肉质包被。它们以一根线状组织悬于果下，被饥饿的鸟类啄食。鹅掌楸属的种子则干燥而有翅，靠风传播。

叶

木兰属的叶为互生的单叶，与花相比常很不显眼。常绿种叶的下表面可为蜡质或具毛；在幼叶上可见托叶，但它们很容易凋落。与木兰属不同，鹅掌楸属的叶非常奇特，有 4 或 6 枚裂片，顶端则截平或略凹。

Liriodendron tulipifera
北美鹅掌楸

天南星科 *Araceae*

天南星科的成员统称"天南星类"。一个主要的鉴定特征是它们的花，一眼就能被认出来。有些种可作为室内植物栽培。很多种有毒。天南星科植物通常是草本植物（茎不木质化），在地下有粗壮的块茎或根状茎。

规模

天南星科是个大科，有 105 属，约 3,250 种。它们的外观和植株大小差异很大。因此，一些研究者把这个科进一步分成很多亚科。

Philodendron verrucosum
绒叶喜林芋

分布范围

天南星科广泛分布于世界各地，主产于热带，也有一些著名的温带种，比如天南星属（*Arisaema*）、斑点疆南星（*Arum maculatum*）、鼠尾芋（*Arisarum proboscideum*）、龙芋（*Dracunculus vulgaris*）和马蹄莲（*Zantedeschia aethiopica*）。

起源

在被子植物最古老的化石记录中，有一份就属于天南星科。这个科的种从早白垩纪（1.4 亿～1.3 亿年前）开始分化。天南星科植物的古老生境似乎是水生环境，这可以解释为什么很多天南星类植物能耐受潮湿或非常湿润的土壤环境。比如马蹄莲和黄花沼芋（*Lysichiton americanus*）都是花园中非常优秀的滨水植物。

入侵种

大藻（*Pistia stratiotes*）在很多国家是恶性杂草，因为它生长旺盛，会堵塞水道，毁灭自然生境。园艺师应该避免使用这种植物，并小心处置任何已经存在的植株。

Arisaema utile
网檐南星

叶

叶为单叶（全缘或分裂）或复叶，从植株基部或地上茎上生出。黛粉芋属（*Dieffenbachia*）、龟背竹（*Monstera deliciosa*）和喜林芋属（*Philodendron*）等一些种是很好的室内观叶植物。龟背竹的叶在生长过程中会发育出硕大的孔洞。

园艺中的应用

海芋属（*Alocasia*）、芋属（*Colocasia*）和千年芋属（*Xanthosoma*）中的一些种统称"芋类"。它们是热带地区重要的主粮作物，其富含淀粉的块茎可供食用。天南星科很多种作为室内或室外的观赏植物栽培。花烛属（*Anthurium*）和马蹄莲属（*Zantedeschia*）的切花很受花艺师的钟爱。

花

天南星科的花序有独特的形态而不易被认错。它们有的像天南星属那样有兜帽状结构，有的颜色深沉暗淡如一条恶龙，有的又像花烛属那样鲜亮明艳如一面旗帜。鼠尾芋的花序有狭长的尖端，就像老鼠尾巴。巨魔芋（*Amorphophallus titanum*）原产东南亚，生有世界上最大的单个花序。

天南星科的花序叫肉穗花序，它的里面是一根生满小花的花穗，外面围有一枚花瓣状的苞片，称为佛焰苞。很多种的肉穗花序会散发出令人不快的气味，吸引蝇类和甲虫传粉。有时候肉穗花序会升温，以便把气味散播得更广。

Anthurium
花烛属

藜芦科 *Melanthiaceae*

藜芦科的植物以前一直归入百合科，但近年来的新研究发现它们的 DNA 和百合科的有显著的遗传差异。但是因为这两个科的植株、花和栽培条件非常相似，园艺师通常仍然把它们作为一个类群。

规模

与百合科相比，藜芦科是一个相对较小的科，只包括 120 种草本植物。藜芦科的花通常生于直立的穗状花序中。科中多个种属的俗名可以让人们对这个科的习性略有了解。这些种属包括沼红花（*Helonias bullata*）、仙杖花（*Chamaelirium luteum*）、羽柄花属（*Schoenocaulon*）、羽铃花属（*Stenanthium*）、藜芦属（*Veratrum*）、熊尾草（*Xerophyllum asphodeloides*）、延龄草属（*Trillium*）等。藜芦科的学名来自爪藜芦属（*Melanthium*），该属只有 4 种球根植物。不过，藜芦科中最有名的成员显然是延龄草属，它是林下地面上美丽的花卉。其近缘属重楼属（*Paris*）与它形似，但不如它艳丽。藜芦属是另一群常见植物，常可见于湿润的山地草甸。

分布范围

藜芦科的起源地可能在北美洲，不过这个科的分布广达亚洲，欧洲也有一些代表。有不少美洲种可见于中美洲，还有几种分布于南美洲北部地区。在所有属中，延龄草属很可能分布最广。

Xerophyllum asphodeloides
熊尾草

Helonias bullata
沼红花

起源

藜芦科显然与百合科有共同的祖先，它们的祖先最早见于白垩纪—古近纪大灭绝事件前后的化石记录中。有证据表明，在百合科的谱系演化中，藜芦科在相当早的时候就分出来，走上了独立的演化道路。

根

藜芦科是草本植物，大多生有膨大的贮藏器官，如鳞茎、球茎、根状茎或肥厚的肉质根。在温带地区，地上部分会在天气恶劣的冬日或夏日（取决于其生境）枯死，但植株地下部分继续存活，等到条件合适的时候再重新萌发。

花

除四叶重楼（*Paris quadrifolia*）外，藜芦科的植株部分以 3 的倍数排列。藜芦属的花始终有 6 枚花瓣，而延龄草属都有非常整齐的 3 数花。延龄草属每一枚直立茎上生有 3 枚两两相对的叶状苞片，在苞片中央是一朵花，花中有 3 枚萼片、3 枚花瓣、2 轮各 3 枚的雄蕊和 3 枚柱头。四叶重楼与延龄草属类似，但其各部位都是 4 数。

Paris quadrifolia
四叶重楼

四叶重楼有时容易与延龄草属混淆，但四叶重楼的叶和花部均为 4 数，二者可以据此进行区分。

园艺中的应用

延龄草属的很多种和栽培品种是很好的林地花园植物。只要土壤始终保持湿润，藜芦属更适宜在阳光下生长。藜芦科的很多种有毒；美洲原住民知道这一点，用它们根的提取物作为杀虫剂、药物和箭毒。

Veratrum nigrum
藜芦

Trillium grandiflorum
大花延龄草

秋水仙科 *Colchicaceae*

与藜芦科一样，秋水仙科是植物学家最近审视百合科时不得不从其中开除的受害者。当15 个属从百合科分出时，秋水仙科就成为一个被正式承认的科。秋水仙科全是小到中型的被子植物，从地下的块茎、根状茎或球茎生出。

规模

在目前得到承认的 225 个种中，大约三分之二属于秋水仙属（*Colchicum*）。名气较小的獐牙花属（*Wurmbea*）有大约 50 种。

分布范围

虽然秋水仙科大部分属看上去是以非洲南部为中心分布的，但是秋水仙属分布非常广泛，除了遍布非洲大陆外，还经非洲到达地中海区域，进而进入欧洲和西亚。从印度北部到日本、东南亚，万寿竹属（*Disporum*）均有分布。此外还有几种原产澳大利亚。垂铃草属（*Uvularia*）是唯一的美洲属，有 4 种，分布于美国以及加拿大东部。

起源

与藜芦科一样，秋水仙科与百合科拥有共同的祖先。早在大约 6,000 万年前，藜芦科和秋水仙科便与百合科分道扬镳，走上了各自独立演化的道路。沿着这条道路演化的另一个科是六出花科（*Alstroemeriaceae*）。

花

秋水仙属的花在晚夏和秋季开放，常被误认成春季开花的番红花，仿佛是这些花开错了时间。然而，真正的番红花属（*Crocus*）植物属于鸢尾科（*Iridaceae*）。园艺师们可以通过雄蕊的数目来区分这两个科：鸢尾科通常只有 3 枚雄蕊，而秋水仙科最常有 6 枚雄蕊。容易令人混淆的是，番红花属中也有很多秋季开花的种类，比如美丽番红花（*Crocus speciosus*）。

秋水仙科的其他种几乎都有类似百合的形态，比如万寿竹属的许多种，还有花为亮橙色的提灯花（*Sandersonia aurantiaca*）。

垂铃草属的拉丁名描述的可能是它的花，其下垂的样子让人想到悬雍垂（uvula），即小舌，就是悬垂在口腔后部那个柔软的器官。

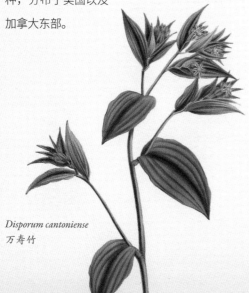

Disporum cantoniense
万寿竹

叶

　　秋水仙科大多数种的叶长远大于叶宽，就像很多园艺球根花卉中那样。万寿竹属的种有较宽的椭圆形叶。秋水仙科的叶均具平行脉。嘉兰属（*Gloriosa*）的叶尖可产生卷须，以帮助植株蔓延攀缘。

　　为了能在非洲炎热的夏日或亚洲和欧洲严寒的冬日存活，很多种的地上部分会枯死。当条件变得适宜时，叶会重新长出来，随后花也会很快开放。秋水仙属的叶在晚夏或秋季开花之前已枯死，这使得花在开放时没有绿叶映衬而呈裸露状，所以在英语中有些人称秋水仙属为"naked ladies"（裸体女郎）。

果实横剖面　　成熟果实

Colchicum autumnale
秋水仙

Sandersonia aurantiaca
提灯花

Gloriosa superba
嘉兰

百合科 *Liliaceae*

如果没有百合科的众多球根花卉——郁金香属（*Tulipa*）、贝母属（*Fritillaria*）和猪牙花属（*Erythronium*）等，春季将会少几分绚丽。百合属（*Lilium*）则把绚丽的花色带入夏季和秋季。

Tulipa gesneriana
郁金香

规模

DNA 研究掀起的革命使植物的很多科发生了巨变，其中百合科的变化堪称最大。在最高峰时，百合科包括 300 属，大约 4,500 种；现在它已经缩减到 15 属，600 种。

分布范围

百合科仅分布于北半球，在中国等地区呈现出丰富的多样性。该科的种见于草原、森林和高山草甸。它们都是多年生草本植物，从鳞茎或根状茎生出。

起源

百合科的化石据说可追溯到晚白垩纪（1 亿～7,000 万年前），但这些化石的鉴定尚有争议，特别是考虑到这个科的分类经历了巨大的变动。

花

百合科常有华丽的花，每朵花有 3 枚萼片和 3 枚花瓣，它们通常相似，并饰有条纹或斑点。不过，紫脉花属（*Scoliopus*）只有 3 枚花瓣，而仙灯属（*Calochortus*）的萼片和花瓣区别明显。油点草属（*Tricyrtis*）的 3 枚萼片在基部有分泌花蜜的囊，其花瓣则有显眼

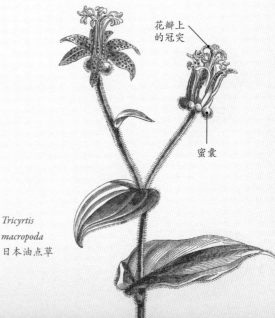

花瓣上的冠突

蜜囊

Tricyrtis macropoda
日本油点草

Clintonia borealis
北方七筋姑

的直立冠突。典型的百合科植物具有 6 枚外伸的雄蕊——它们有时可以产生大量的花粉，但紫脉花属只有 3 枚雄蕊。有些种的花有气味，气味可芳香，比如百合属的一些种，也可恶臭，比如皇冠贝母（*Fritillaria imperialis*）。

果实

百合科的果实通常为蒴果，干燥时开裂。七筋姑属（*Clintonia*）和巫女花（*Medeola virginica*）的果实为蓝、紫红或黑色的浆果。

叶

百合科的叶为单叶，通常在植株基部排成莲座状叶丛，或在不分枝的茎上互生。欧洲百合（*Lilium martagon*）、黑贝母（*Fritillaria camschatcensis*）和巫女花等一些种的叶为轮生。大多数叶几乎没有叶柄，或只有不显眼的叶柄。

园艺中的应用

百合科是花园中常见的科，有多种应用。郁金香属可以种在容器、花坛和花境中，供人们赏其春色；百合属在夏季以同样的方式展示其绚丽的花色；油点草属的秋花则可装点秋日的风景。在林地花园中，大百合属（*Cardiocrinum*）可表现出壮硕的形象，而植株较小的北方七筋姑（*Clintonia borealis*）、豹子花属（*Nomocharis*）、仙铎草属（*Prosartes*）和扭柄花属（*Streptopus*）都值得近观。在不需要布置纯草坪的地方，可以移植林生郁金香（*Tulipa sylvestris*）、窄尖叶郁金香（*Tulipa sprengeri*）等原种郁金香，以及阿尔泰贝母（*Fritillaria meleagris*）。

Fritillaria meleagris
阿尔泰贝母

害虫

百合负泥虫是对园艺百合的一大威胁。它们原来分布于欧洲和亚洲部分地区，现已遍布整个北半球。这些背部红色的小虫子和其幼虫会大口吞噬百合和贝母，造成严重的破坏。成虫和幼虫常潜藏在叶片背面。不管什么时候发现它们，都应马上除灭。

兰科 *Orchidaceae*

兰科的花极为美丽，备受称誉，有时候养兰花的人们会为之痴狂。尽管兰科的原种和杂交品种都极为繁多，但所有兰花都可以大致分成两类：生于地面的地生兰，以及生于树枝上的附生兰。

规模

兰科是个极大的科，有 18,000 多种。尽管如此，兰科内的多样性反而比很多规模较小的科还要低。

Spathoglottis plicata
紫花苞舌兰

作为地生兰，紫花苞舌兰有膨大的假鳞茎，它生于土壤表面或土面下不深处。

分布范围

除了南极洲和其他一些特别干旱或寒冷的地区外，兰花在世界各地都有天然生长；从挪威湿润的山坡到南美洲干旱的热带稀树草原都有它们的身影。兰科分布最集中的地方是热带地区。

起源

化石记录中完全没有兰科植物，这导致人们对兰科出现的时间有很大争议。2007年，人们发现一只保存在琥珀中的蜂类在背上携带着兰科的花粉，这表明兰科最早出现于晚白垩纪（8,000 万～7,600 万年前）。

花

兰科植物最知名之处是其独特的花。虽然兰花的花色和大小有巨大的变异，但它们全都符合同一种不整齐的花形样式。花中有 3 枚萼片和 3 枚花瓣，其中 1 枚花瓣总是与其他花瓣形态不同，成为"唇瓣"，从而让兰花呈现出其独具特色的外观。其他 2 枚花瓣及 3 枚萼片通常在大小和形状上相似。唇瓣往往远大于其他花瓣，可分裂，可具褶

片、毛、胼胝体或脊突等各式装饰，并常有古怪的颜色搭配。独具特色的花让人们很容易将兰科与其他科的植物区分开来。除此之外，兰科还有其他几个独有的特征，比如：可以萌发成植株的种子小到几乎只能用显微镜看清，整个种子只包含少数细胞；单独一朵花结出的 1 枚蒴果就可以散出多达一百万粒种子，这些微小的种子需要土壤中的真菌帮助其萌发和生长。

叶

很多热带和亚热带兰花生有贮藏水分和养分的特殊器官——"假鳞茎"。它们形态各异，有的只是略微膨大的茎，有的却是亮绿色的器官。叶从假鳞茎上生出。叶通常为肉质，单叶，边缘光滑，几乎总是在茎上互生或在基部簇生。

Bulbophyllum anceps
双刃石豆兰

变态的气生根可以帮助附生兰附着在宿主植物上，并从空气中吸收水分。

传粉

蜜蜂、胡蜂、蝇类、蚁类、甲虫、蜂鸟、蝙蝠和蛙类都曾被观察到是兰花的传粉动物。每种兰花通常有它自己专属的传粉者。花的形态结构、气味和颜色可以吸引专门的某种动物前来传粉。一种众所周知的传粉机制是：雄蜂被花朵愚弄，以为兰花是一只雌蜂，因此雄蜂会试图与兰花进行交配，但当然不会成功；在这个过程中，雄蜂便把花粉从一朵花传到另一朵花。

艳丽杓兰（*Cypripedium reginae*）的花有引人注目的拖鞋状唇瓣，但它仍然拥有典型的兰花结构特征。

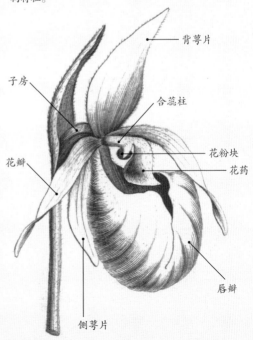

背萼片

子房

合蕊柱

花粉块

花药

花瓣

唇瓣

侧萼片

鸢尾科 *Iridaceae*

鸢尾科的学名来自拉丁语 *iris*，意为"彩虹"；对于这个花朵非常绚丽的家族来说，这个名字非常合适。鸢尾科的种基本上都是草本（非木质化）植物，在地下有贮藏器官——有的是球茎，如唐菖蒲属（*Gladiolus*）；有的是根状茎，如庭菖蒲属（*Sisyrinchium*）和有髯鸢尾类；较少见的则是鳞茎，如网脉鸢尾（*Iris reticulata*）。

Iris domestica
射干

根状茎

规模

鸢尾科有 70 属，包括 2,000 多种。科中有相当多的知名花卉，包括雄黄兰属（*Crocosmia*）、番红花属、漏斗鸢尾属（*Dierama*）、香雪兰属（*Freesia*）、唐菖蒲属、庭菖蒲属和虎皮花属（*Tigridia*），当然还有鸢尾属（*Iris*）。其植株直立，通常不高，矮的贴地面而生（番红花属），高的也只

到胸口那么高（雄黄兰属）。

分布范围

除北亚外，鸢尾科植物在世界各地都有分布，在南北半球的热带和温带均可见。其多样性中心主要在南非、地中海东部及中南美洲。

起源

令人遗憾的是，鸢尾科的化石证据非常稀缺，所以科学家还不清楚这个科的确切演化史。鸢尾科与兰科亲缘关系较远，与石蒜科（*Amaryllidaceae*）及阿福花科（*Asphodelaceae*）则要近得多。

用作香料的
花柱分枝

Crocus sativus
番红花

番红花这个种不见于野外，很可能来自野番红花（*Crocus cartwrightianus*）的自发突变，千百年来都以营养繁殖的方式种植。

球茎

图 1.1　宽叶离被鸢尾（*Dietes butcheriana*）具根状茎，其植株形态很像鸢尾属。与鸢尾属不同，它的花被片基部不合生成管状。

图 1.2　与离被鸢尾属（*Dietes*）一样，孔雀鸢尾（*Moraea lurida*）看上去也很像鸢尾属，但花被片也有类似的差异。它所在的肖鸢尾属（*Moraea*）与离被鸢尾属的区别在于根：离被鸢尾属具根状茎，而肖鸢尾属从球茎中生出。

图 1.3　漏斗鸢尾（*Dierama pendulum*）的拉丁名是对其形态的生动描述。*Dierama* 在古希腊语中意为"漏斗"，在此形容其花形；而 *pendulum* 意为"俯垂"，指花悬垂于花莛之下的状态。

图 1.1

图 1.2

图 1.3

花

尽管鸢尾科的一般生长习性相当一致，但它们的花却有极大的变异。有些种的花相当简单整齐，有些种的花却十分复杂。

鸢尾科花部的共同特征包括：花中兼有雄蕊和心皮，花瓣 6 枚，雄蕊 3 枚。花通常排列为长的聚伞花序或总状花序，但有时一枚花莛上只有一朵花，番红花属的花则单朵从地面上生出。

6 枚花瓣的排列可整齐（庭菖蒲属）或不整齐（唐菖蒲属的一些种）。花瓣可在基部合生，形成长度不等的管状，或彼此多少离生，如肖鸢尾属（*Moraea*）。花瓣排成 2 轮，每轮 3 枚。2 轮花瓣可大小差不多，使花呈现出规整的形态；也可在形态上有所差别，比如有髯鸢尾类——它们的 3 枚外侧花瓣有毛，称为"垂瓣"；3 枚内侧花瓣直立，称为"旗瓣"。

鸢尾科的传粉大多依靠昆虫，如蝶类、蛾类、甲虫和蝇类等；但一些非洲种（包括雄黄兰属和唐菖蒲属的一些种）适应了由太阳鸟传粉。漏斗鸢尾属靠风传粉，其花序呈钓竿状，花莛纤细，花朵下垂，在微风中轻轻摇动。

Gladiolus imbricatus
覆苞唐菖蒲

石蒜科 *Amaryllidaceae*

石蒜科的学名来自该科的孤挺花属（*Amaryllis*），但这个科可能是因水仙属（*Narcissus*）而更加知名。石蒜科为多年生草本植物，其带状的叶以及花序都从地下的鳞茎或根状茎抽出。植株地上部分通常在春季萌发，在开花后枯死。

规模

石蒜科是个规模较大的科，有 90 属，600 种。自 19 世纪初人们开始对石蒜科进行描述和分类以来，这个科经历了多次重组，有些属被划出去进行重新分类。以朱顶红属（*Hippeastrum*）为例，它现在已经被拆分为多个属，如美花莲属（*Habranthus*）、漠韭莲属（*Pyrolirion*）、韭莲属（*Zephyranthes*）和燕水仙属（*Sprekelia*）等。石蒜科目前被划分为三个亚科：百子莲亚科（*Agapanthoideae*），它仅包含百子莲属（*Agapanthus*）；葱亚科（*Allioideae*），它包括葱属（*Allium*）等；石蒜亚科（*Amaryllidoideae*），它包括水仙属、雪滴花属（*Galanthus*）等。

分布范围

石蒜科分布于世界各地，但主要见于暖温带、亚热带和热带地区。水仙属、雪滴花属和雪片莲属（*Leucojum*）分布偏北，延伸到北欧的寒温带地区。

起源

石蒜科的化石记录非常贫乏，所以我们对它的演化史几乎一无所知。尽管植物学家怀疑它起源于白垩纪，但最古老的化石记录却非常晚近，来自仅 1,500 万年前的中新世。

花

花为 3 数，形貌艳丽，兼具两性，而且几乎都是整齐花。它们聚生为伞形花序，有时则单生或两三朵生在一起。花或花序在绽放前通常被包裹在纸质或膜质的苞片里。

石蒜科的花瓣和萼片非常相似，所以合称花被片。花被片共有 2 轮，每轮 3 枚，合计 6 枚。花被片或者离生，如雪滴花属、雪片莲属、孤挺花属和纳丽花属（*Nerine*）；或者合生为管状或漏斗状，如文殊兰属（*Crinum*）、韭莲属、黄韭兰属

Nerine humilis
矮纳丽花

Narcissus major
大水仙

（*Sternbergia*）、垂筒花属（*Cyrtanthus*）和狭管蒜属（*Stenomesson*）。

水仙属的花内有一个额外的、非常独特的结构——副冠。它可扩大为喇叭状或退化为杯状、盘状，其颜色常与花冠形成鲜明对比。在全能花属（*Pancratium*）、水鬼蕉属（*Hymenocallis*）和葱亚科的紫娇花属（*Tulbaghia*）中也能见到类似副冠的结构。

百子莲亚科和葱亚科的子房为上位，石蒜亚科的子房为下位。子房由 3 枚合生的心皮构成，成熟时为干燥的蒴果，或像君子兰属（*Clivia*）中那样为肉果。

叶

石蒜科大多数成员的叶为线形或带状，从鳞茎或根状茎生出。它们通常为落叶性，少数种（君子兰属）为常绿性。叶不为纤维质，而为柔嫩的肉质。

园艺中的应用

石蒜科包含很多观赏植物，除水仙属、雪滴花属和雪片莲属外，还有孤挺花（*Amaryllis belladonna*）、朱顶红属以及晚花的纳丽花属和黄韭兰属。葱属中有一些非常重要的蔬菜，如洋葱、韭葱（南欧蒜）、大蒜和细香葱（北葱）。

单朵花

Allium caeruleum
棱叶韭

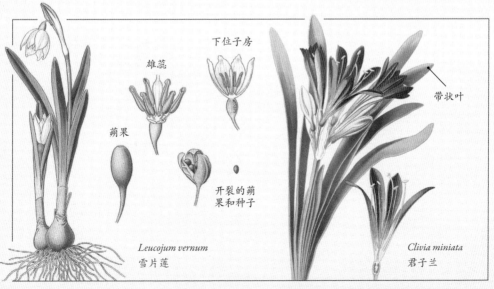

雄蕊

下位子房

带状叶

蒴果

开裂的蒴果和种子

Leucojum vernum
雪片莲

Clivia miniata
君子兰

阿福花科 *Asphodelaceae*

阿福花科为一群多年生草本植物以及形态奇特的乔木和灌木，是新近才组建的科，其中还包括了来自其他几个科的植物。阿福花科原名黄脂木科（*Xanthorrhoeaceae*）。为了更易于发音和拼写，学界变更了其学名。

规模

阿福花科有大约 900 种，其中一半以上属于多肉的芦荟属（*Aloe*）。其他大属包括：须尾草属（*Bulbine*），80 种；火把莲属（*Kniphofia*），75 种；十二卷属（*Haworthia*），60 种。萱草属（*Hemerocallis*）、麻兰属（*Phormium*）和独尾草属（*Eremurus*）有庭园观赏价值。

分布范围

阿福花科主要分布于"旧世界"（亚洲、非洲和欧洲），在南北温带和热带均有，只有 2 个属见于南美洲。非洲南部和澳大利亚的种尤其丰富，而在极地地区和北美洲则没有分布。

起源

人们几乎没有发现阿福花科的化石证据，只在澳大利亚的沉积物中分离出一份标本，它来自大约 4,500 万年前的始新世。

花

在阿福花科常见的种中，花生于伸到莲座状叶丛上方的分枝或不分枝的花葶上。花常颜色鲜艳，具 6 枚形似的萼片和花瓣。它们合生成管状（火把莲属），或部分合生（萱草属），或完全离生（阿福花属〔*Asphodelus*〕）。芦荟属的萼片部分合生，花瓣则离生。萱草属一些品种的花为重瓣。每朵花有 6 枚雄蕊，偶尔有毛；一些种的花中有大量的花蜜。

Hemerocallis dumortieri
小萱草

Bulbine alooides
芦荟状须尾草

传粉

阿福花科的很多种为鸟媒传粉。这些种有红色或橙色的管状花，花瓣革质，花中有大量的花蜜而无香气，很容易识别。它们还有强壮的花莛，因为"旧世界"的鸟类传粉者无法像"新世界"（美洲）的蜂鸟那样悬停在空中，需要一个落足之处。

园艺中的应用

如果没有萱草类，草本花境将会暗淡许多。萱草类是花量丰富、表现稳定的植物，有多种花色。如今萱草类已经有 70,000 多个品种，人们还在培育更多的新品种，因此园艺师总能找到适合的一款。火把莲类和阿福花类也是有用的多年生草本植物，几个多肉属则是优异的室内植物。在炎热、阳光充足的花境或露台花盆中，可以尝试种植耐寒的多肉植物，如绫锦芦荟（*Aloe aristata*）、青岚芦荟（*Aloe striatula*）和多叶芦荟（*Aloe polyphylla*）。

Kniphofia triangularis
三棱火把莲

Dianella caerulea
蓝果山菅兰

心皮　萼片　花瓣　雄蕊

果实

果实通常为干燥的蒴果，但山菅兰属（*Dianella*）有亮蓝色至亮紫色的浆果，非常引人注目。

叶

叶通常排成莲座状叶丛，互生，或有时排成 2 列（折扇芦荟〔*Aloe plicatilis*〕）。叶没有明显的叶柄，边缘可生有刺。一些属的叶为肉质，如芦荟属、十二卷属、鲨鱼掌属（*Gasteria*）；另一些属（麻兰属和山菅兰属）的叶为革质，基部看上去呈对折状，沿植株向上一段距离再展开。阿福花科中虽然大多数种是草本植物，但也有一些种为乔木（二歧芦荟〔*Aloe dichotoma*〕、黄脂木属〔*Xanthorrhoea*〕）或攀缘藤本（细茎芦荟〔*Aloe ciliaris*〕）。

天门冬科 *Asparagaceae*

天门冬科以前是个小科，再以前只不过是百合科的一个下级类群而已，但分类学上的变动让这个科的规模猛然扩大，使其成为单子叶植物中较大的科之一。被纳入天门冬科中的知名科有龙舌兰科（*Agavaceae*）、铃兰科（*Convallariaceae*）、风信子科（*Hyacinthaceae*）和假叶树科（*Ruscaceae*）。

规模

天门冬科这个大科有 2,250 多个种，包括了多种类型的植物：乔木，如龙血树属（*Dracaena*）、丝兰属（*Yucca*）；多肉植物，如龙舌兰属（*Agave*）、虎尾兰属（*Sansevieria*）；藤本，如天门冬属（*Asparagus*）、仙蔓属（*Semele*）；多年生草本，如黄精属（*Polygonatum*）、玉簪属（*Hosta*）；以及球根植物，如风信子属（*Hyacinthus*）、糠百合属（*Camassia*）。

分布范围

天门冬科几乎分布于世界各地，但不见于极地地区。多肉种通常分布于荒漠和其他干旱的生境。

起源

和单子叶植物中的很多科一样，天门冬科的化石记录也很贫乏。在澳大利亚曾发现类似现代朱蕉属（*Cordyline*）叶的叶化石，定年为始新世（5,600 万～3,400 万年前）。

花

天门冬科有许多不同类型的花，这让人们很难给这个科下定义。不过，所有种通常都有 6 枚相似的萼片和花瓣。它们可离生，如天门冬属和吊兰属（*Chlorophytum*）；也可部分合生，如风信子属和蓝铃花属（*Hyacinthoides*）；还可完全合生，如铃兰属（*Convallaria*）。雄蕊通常 6 枚，可离生、与花瓣合生或彼此合生成管状。花序上常有像石刁柏花薹上那样的苞片，糠百合属、龙荟兰属（*Beschorneria*）即是如此。

Convallaria majalis
铃兰

Hosta ventricosa
紫萼

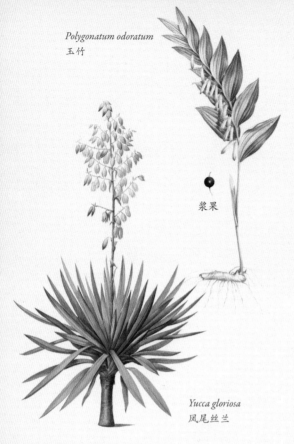

Polygonatum odoratum
玉竹

浆果

Yucca gloriosa
凤尾丝兰

果实

果实通常为蒴果（玉簪属、丝兰属）或浆果（假叶树属〔*Ruscus*〕、黄精属），里面的种子为黑色，稀为褐色。

叶

可以预料，在天门冬科这样一个多样化的科中，叶会有很多不同的类型。天门冬科的叶或簇生为莲座状叶丛，或在茎上互生，稀排成 2 列。叶通常全缘，没有叶柄（玉簪属例外），质地可为革质、肉质或纸质。龙舌兰属很多种的叶缘有刺。假叶树属和天门冬属的叶退化为鳞片，茎却变为扁平状或针状的"叶状枝"，代替叶进行光合作用。

园艺中的应用

除供观赏外，天门冬科少数植物还有其他用途。龙舌兰属的剑麻（*Agave sisalana*）是剑麻纤维的来源，特奎拉龙舌兰（*Agave tequilana*）可用来酿造特奎拉酒。一些种（糠百合属和春慵花属〔*Ornithogalum*〕）的球根正确处理之后可以食用。不过，最著名的作物可能是石刁柏（*Asparagus officinalis*），即芦笋。天门冬科的名字就源于其所在的天门冬属。石刁柏花薹很像天门冬科中龙舌兰属、假叶树属、糠百合属等其他属的花莛，春季新收获的花薹尤为美味。对天门冬科这个难于鉴定的科来说，这是一个有用的鉴定特征。

天门冬科中有一些容易养活也常被滥用的室内植物，包括蜘蛛抱蛋属（*Aspidistra*）、虎尾兰属、龙血树属和吊兰属等。如要为花园增添春色，可种植球根类的糠百合属、风信子类（风信子属和蓝壶花属〔*Muscari*〕）及蓝瑰花属（*Scilla*）。山麦冬属（*Liriope*）、沿阶草属（*Ophiopogon*）和万年青属（*Rohdea*）是有用的地被植物。

Asparagus officinalis
石刁柏（芦笋）

花薹

单朵花   肉质根

棕榈科 *Arecaceae*

棕榈科是典型的热带植物，是其生长环境中显眼的植被成分。棕榈科植物通常是仅具单独一根茎的乔木，顶端生有一丛叶，但也有一些种的茎簇生或分枝，形成灌木或藤本植物。

规模

棕榈科有大约 2,400 种。最著名的种有椰子、海枣和油棕；较为知名的种有西谷椰子和槟榔，还有棕榈藤类——其藤茎可以用来制作家具。

分布范围

尽管棕榈科的分布北达法国的地中海沿岸地区，南达新西兰，但这个科主要还是一个热带科。除南极洲之外的其他几大洲都有棕榈科生长。

起源

棕榈科的叶和树干坚韧，可以较好地保存为化石，其化石记录可以追溯到 8,000 万年前的上白垩纪。

Corypha taliera
孟加拉贝叶棕

产生世界上最大的花序需要消耗巨大的能量，以致这棵树在结出果实之后就会死去。

花

棕榈科的花本身并不具很强的装饰性或观赏性。它们一般有 3 枚小型萼片、3 枚小型花瓣和 6 枚雄蕊，常缺乏鲜艳的颜色，没什么气味。为了弥补这种缺陷，一些棕榈科植物会开出大量的花。贝叶棕属（*Corypha*）的花序在所有植物花序中是最大的，可含有 2,300 万朵以上的花。

Cocos nucifera
椰子

果实

棕榈科的果实可为亮红、橙、黄以及有光泽的黑色。棕榈藤类的果实覆有独特的、类似爬行动物表皮的鳞片，其他一些种的果实则生有刺、毛或疣突。椰子的果实靠海水传播，生有纤维状的外壳以便于漂浮。每个果实之内是 1 至多粒种子，种子有时被坚硬的外层保护。本科种子的大小差异很大：最小的种子长不到 1 厘米；而最大的种子——巨子棕属（*Lodoicea*）的种子——长达 30 厘米，重 25 千克，是世界上最大的种子。

叶

棕榈科华丽的叶为花园带来了浓郁的热带风情。叶由三部分构成：叶鞘、叶柄和叶片。叶鞘包在茎上。一些种的叶鞘在叶凋落后，会在树干上留下独特的叶痕；另一些种的纤维状叶鞘则宿存下来，让植株的外观显得十分蓬乱。叶柄的边缘可具锐利的刺或无刺。叶片通常具羽状分裂（羽状复叶）或掌状分裂（掌状复叶）。具羽状复叶的种有短叶柄和多枚小叶；具掌状复叶的种有长叶柄，小叶在基部合生，形成扇状。

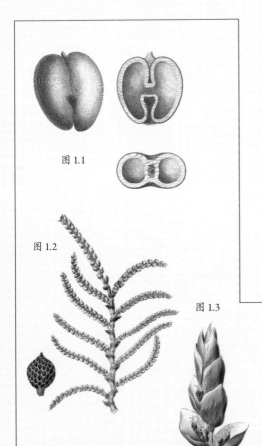

图 1.1

图 1.2

图 1.3

园艺中的应用

只有很少的棕榈科植物能在热带以外地区的花园里茁壮成长。原产喜马拉雅山脉的棕榈（*Trachycarpus fortunei*）能安然度过大多数的冬季。株形更紧密的矮棕（*Chamaerops humilis*）也很耐寒，但栽培地的排水性要好。果冻椰子（*Butia capitata*）具羽状复叶，可在较冷的气候中茁壮成长，特别是滨海地区。很多棕榈科植物是绝好的室内植物，比如：袖珍椰（*Chamaedorea elegans*）和豪爵椰（*Howea forsteriana*）在阴暗的维多利亚风格的卧室中生长良好；泰棕（*Kerriodoxa elegans*）等新优种类，是大型浴室或温室入口的标志。

Trachycarpus fortunei
棕榈

图 1.1 巨子棕（*Lodoicea maldivica*）也叫复椰子，能结出世界上最大的种子。这里绘出的是其种子的完整形态和剖面。

图 1.2 秀丽省藤（*Calamus ornatus*）是一种攀缘的棕榈藤，其花小，果实有鳞片。

图 1.3 长钩叶藤（*Plectocomia elongata*）是另一种攀缘的棕榈藤，其花生于扩大的苞片中。

姜科 *Zingiberaceae*

姜科都是多年生草本植物，具有浓郁的香气。豆蔻、姜黄、高良姜、椒蔻以及作为姜科名字来源的姜都来自姜科植物。

规模

姜科生于热带地区，有 1,275 种左右，其中有许多重要的园艺植物，比如苘香砂仁属（*Etlingera*）、短唇姜属（*Burbidgea*）、山姜属（*Alpinia*）和舞花姜属（*Globba*）。在较冷的地区，可以种植姜花属（*Hedychium*）、象牙参属（*Roscoea*）和距药姜属（*Cautleya*），但在冬季需要做好防寒工作。

分布范围

姜科可见于大多数热带地区，有时生于沼泽，大多生于林下。在热带以外地区，人们更喜欢栽培来自较高海拔地区的种。

起源

最古老的姜科化石定年为大约 8,500 万年前的晚白垩纪。在欧洲和北美洲发现的较晚近的姜科化石可追溯到这两个洲的气候还比较温暖的时代。如今，姜科在这两个洲已无天然分布。

Alpinia nutans
垂叶山姜

在很多姜科植物的花中，高度变态的雄蕊（称为"退化雄蕊"）形成美丽的下唇状。

花

姜科的花充满异域风情，或生于有叶的枝条顶端，或直接生于根状茎上。单朵花会从一簇苞片中开出。有些种的苞片有非常鲜艳的颜色，常比花本身更有吸引力。每朵花有 3 枚合生为管状的萼片和 3 枚部分合生的花瓣，其中 1 枚花瓣（花冠裂片）常大于另 2 枚。花瓣本身常不显眼，远较花瓣状的退化雄蕊逊色。退化雄蕊（变态的雄蕊）2～4 枚，内侧 2 枚颜色极其鲜艳，有时合生成唇状。每朵花里只有 1 枚可育雄蕊。

蒴果剖面

开裂并具
种子的蒴果

Globba radicalis
螳螂舞花姜

果实

姜科的果实为蒴果，成熟时可干燥或为
肉质。种子可有艳丽的肉质包被。

叶

姜科的叶为单叶，全缘，互生，通
常排成 2 列。它们常有明显的叶柄，并在
基部有禾草状的叶舌。叶柄一侧开口，形成
叶鞘，相邻叶鞘彼此重叠，形
成直立的"茎"。真正的茎则
是在土壤表面或地下不深处生
长的根状茎。

园艺中的应用

如果你想把自家花园变成热带绿洲，
那么姜科是理想的花材。姜花属、距药
姜属和姜属（*Zingiber*）等具有光滑的叶
片和充满异域风情的花朵，可以为阳光
充足的地方带来活力和香辛气息。不过
在一些地区，这些植物在冬季可能需要
防寒。与这些植物不同，状如兰花的象
牙参属形态更精致，是荫蔽花境和林地
花园的好材料。

Roscoea
象牙参属

Zingiber officinale
姜

.93.

凤梨科 *Bromeliaceae*

凤梨科是一群多年生草本植物，在北半球的花园中很少见，这并非是因为它们的颜色不鲜艳或构景形态不优美。凤梨科起源于热带，这让北部地区的很多园艺师没办法把它们种在户外。然而，作为优秀的室内植物，它们甚至可以和兰花分庭抗礼。

规模

凤梨科有将近 2,650 种，其中只有凤梨是栽培作物。凤梨科中的观赏植物种类极其丰富，包括美叶尖萼凤梨（*Aechmea fasciata*）、垂花水塔花（*Billbergia nutans*）和铁兰属（*Tillandsia*）的多种空气凤梨。

分布范围

凤梨科几乎都分布于美洲，从美国的佛罗里达州到阿根廷均可见。令人意外的是，西非凤梨（*Pitcairnia feliciana*）这个种产于西非。绝大多数的种生活在热带雨林中，不过也有不少种喜好荒漠生境，还有少数种在安第斯山脉的高海拔地区生长良好。

起源

目前人们几乎没有发现凤梨科的化石，看来它可能是个起源很晚的科。

花

凤梨科最迷人的观赏部位之一是花序，它常伴有颜色亮丽的苞片。这些变态叶在花凋谢之后仍能保持很久，极大地延长了植株的观赏时间。凤梨科的花序从莲座状叶丛中央抽出，有些种的花序高而显眼，也有些种的花序基本不伸到叶丛之外。真正的花通常很小，每一朵有 3 枚萼片、3 枚花瓣和 6 枚雄蕊。对很多凤梨科植物来说，开花意味着单个莲座状叶丛的寿命即将结束。

Tillandsia cyanea
铁兰

这种空气凤梨的花为蓝色，寿命往往不长，但环绕花朵的粉红色苞片却可以保持数周之久。

Ananas comosus
凤梨（菠萝）

这枚花序中有许多花，
每朵花都会形成一个肉
果，之后这些肉果融合为
一体，形成单独一颗凤梨。

果实

凤梨科的果实常为干燥蒴
果；它散出的种子有丝毛以便于随
风传播。与此不同，凤梨花序中的
每朵花都发育为一个肉果，最后肉果
彼此融合，形成大型聚花果。凤梨果
皮上的每块鳞片都代表由一朵花发
育而成的一个果实。

叶

凤梨科的叶为互生，常呈带状，无叶
柄。叶一般形成莲座状叶丛。有些种用莲座
状叶丛来收集雨水，这些种也因此被称为
"积水凤梨"。有些种——特别是来
自干旱地区的种——的叶缘有刺，
很多种在莲座状叶丛中央有显著
的脉纹或颜色亮丽的斑块。莲座
状叶丛在开花之后常会死亡，但在植株
基部旁边又会形成新的莲座状叶丛。

Tillandsia aeranthos
气花褶丝凤梨

所有空气凤梨都是附生植物，它们附着在树
枝、岩石甚至是电线杆和电缆上生长。

浇水

大多数来自热带森林
的凤梨科植物是附生植
物，也就是说它们附着在树枝
上生长，从不接触土壤。它们不
是寄生植物，不从树木那里获取养
分；树木只是为它们在阳光较充足
的上层树冠中提供栖息地罢了。很
多种的积水叶丛能帮助植株免于缺
水；如果把这些植物种在室内，定期
加满叶丛里的水就很重要。空气凤
梨采取了另一种策略：它们不形
成积水叶丛，而是利用叶上覆有的
银色鳞片迅速吸收雨水。因
此，需要经常给这些植物
喷水。凤梨和很多荒漠种
也不形成积水叶丛，需要给
它们的根浇水。

禾本科 *Poaceae*

禾本科是地球生态系统中最重要的科之一，对人类而言则是迄今世界上经济价值最高的植物类群。禾本科植物包括竹类以及稻、玉米、小麦等谷类作物。

规模

禾本科有 10,550 多种，分为竹类和真禾草类。竹类包括约 115 属，真禾草类包括约 600 属。严格来说，禾本科都是非木本的一年生或多年生植物。但对于竹类来说，是否称其茎秆为"木本"是个问题。尽管竹类并不像双子叶乔木和灌木那样是真正的木本，但一些种的茎秆强度却可以和钢材媲美。

竹类和真禾草类（以下简称"禾草"）

Oryza sativa
稻

这两大类群可通过多种方式进一步细分。竹类可以分为草本竹类、热带木本竹类和温带木本竹类。禾草可以按生长习性（丛生、散生或垫状）划分，也可分为"冷季型"和"暖季型"。

分布范围

禾本科植物几乎存在于所有的生态位中——从北极到南极，从各大洲的山顶到海岸，都分布有禾本科植物。其分布确实是世界性的，据估计禾本科植物占据了地球植被覆盖面积的 20%。

地球上的大草原——包括亚洲和北美洲的温带草原，以及南美洲和非洲的热带稀树草原——是广阔而有重要意义的生境，在生物多样性和覆盖面积方面与热带雨林势均力敌。这些植被占据了森林和荒漠之间的气候带。在南极洲只有两种被子植物，其中一种就是禾草。

起源

对恐龙粪便化石的分析表明，在约 1 亿年前，禾草曾是恐龙饮食的一部分。8,000 万年后的化石记录中出现了牙齿专门适于采食禾草的动物，这意味着从那个时候起，禾

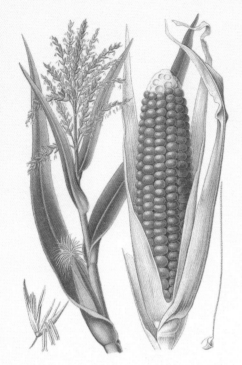

Zea mays
玉米（玉蜀黍）

玉米是一种茎秆笔直的禾草，每节生叶，一些节还能生出花序，花序外面紧包着很多叶状的苞片。受精之后，这些花序就发育成膨大的玉米棒子。

草开始在许多生境中占据优势地位。

　　最古老的禾草和竹类生长在热带森林的地面上，那里几乎没有风。这些原始的禾草靠昆虫传粉。然而，现在绝大多数的禾草靠风传粉；这很可能是一种适应，让禾草能在林缘地带生长良好，帮助它们分化、向远处扩散。

　　关于禾本科和植物其他科的关系，人们还不完全清楚。乍一看，莎草科（*Cyperaceae*）和灯芯草科（*Juncaceae*）似乎是禾本科的近亲，但这一形态上的近似性更可能是平行演化的结果，而并非因为它们有一个晚近的共同祖先。

园艺中的应用

　　禾本科中的稻、小麦、玉米、燕麦和大麦作为粮食作物，养活了世界上绝大多数人口，在世界经济中也占据重要地位。竹类是有用的建筑材料。全世界大部分蔗糖来自甘蔗（*Saccharum officinarum*）这种高大的禾草。

　　能用于铺设草坪和运动场地的禾草对景观设计师和园艺师来说都很重要。禾草和竹类还有优美的构景特性。不过，禾本科中还有很多靠种子或匍匐茎蔓延的杂草，其中一些种极难除灭。

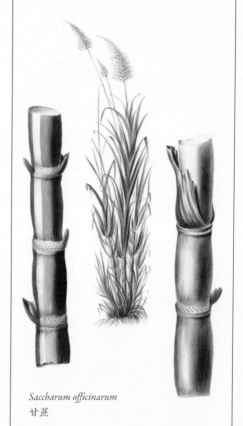

Saccharum officinarum
甘蔗

甘蔗的茎（常称为"秆"）有多种颜色。整棵植株可长到6米高。

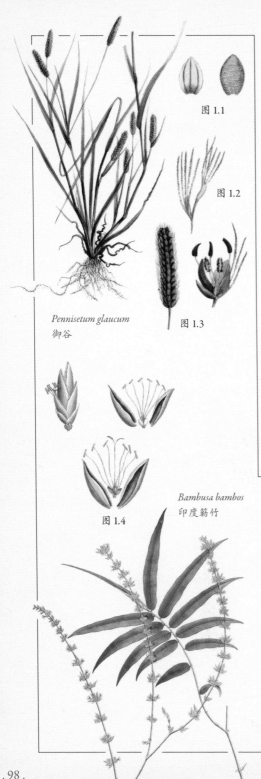

图 1.1

图 1.2

Pennisetum glaucum
御谷

图 1.3

Bambusa bambos
印度簕竹

图 1.4

花

禾本科植物的花微小且高度变态，排列成总状、穗状或圆锥状，这是禾本科植物的一个鉴定特征。单朵花变得极为特化，仿佛是把整朵花拆解之后再仅仅使用一些基本要素重建出来的。

花瓣退化为名为"浆片"的微小结构（有时甚至连浆片也不存在）。花中通常只有 3 枚雄蕊、2 枚柱头，它们全都夹在名为"内稃"和"外稃"的鳞片状保护结构中——这 2 枚稃片是高度变态的萼片。

浆片的功能是吸水膨胀，把花撑开，以便让雄蕊和柱头暴露出来，从而完成传粉。花药以中部附着在花丝上，所以会在风中摇动，散出花粉。柱头为羽状，可以最大限度地捕获随风传播的花粉。

细观禾本科植物的花穗，可以发现其质

图 1.1　御谷的内稃（左）和外稃（右）是鳞片状的结构，类似萼片并由萼片演变而来。它们的功能是保护其内的花部。

图 1.2　御谷的柱头呈线形、羽状，从开放的花中伸出，可最大限度地捕获随风传播的花粉。

图 1.3　狼尾草属（*Pennisetum*）狭窄的狼尾状花穗中密集排列着很多花，花序上生有许多刚毛。

图 1.4　这幅印度簕竹的花的特写图显示了闭合的花（左）和单独一朵花的花部（右和下）。花有保护性的外稃和内稃，里面是雄蕊和柱头。

地多样，美丽而精致，这一点可以被
充分利用在种植规划中。无论是狼尾
草属（*Pennisetum*）的狐尾状花穗还是蒲
苇属（*Cortaderia*）的羽毛状花穗，无论是
蓝沼草属（*Molinia*）疏朗的圆锥花序还
是大麦属（*Hordeum*）的麦芒，都
显出禾本科植物丰富的多样性。

叶

　　禾本科的叶片通常狭长，但热带种和生
长在荫蔽地的种的叶片可较宽。叶包括两部
分：叶片和叶鞘。叶鞘包围茎秆，可提供机
械支撑，还能保护茎节周围不特化的细胞。
很多禾叶基部具称为"叶舌"的小型突起，

Hordeum murinum
墙大麦

这是鉴定禾草的重要特征之一。

　　茎秆上略膨大的地方称为"节"，叶就
通过此处附着在茎上。节中含有不特化的细
胞，它们可以让茎秆在被踩倒或压倒之后重
新挺立，也可让叶在被人们刈割或被动物采
食之后继续生长。

　　禾草可以从茎节和叶基再生的特性，意
味着它们可以耐受通常会使大多数其他植物
死亡的重度的采食和践踏。禾草在解剖结构
上的这种创新，是它们取得巨大成功的主要
原因。

根

　　禾本科的根系为须根系，易于从茎的下
部形成不定根而成为密集的根丛。一些种能
够靠地下的根状茎或地表的匍匐茎侧向蔓
延，形成浓密的草皮（就像草坪草一样）或
难于穿越的密丛（一些竹类就是如此）。

Paspalum fimbriatum
裂颖雀稗

花环海棠（*Malus coronaria*），
属于蔷薇科（*Rosaceae*，
见 130～133 页）。

第三章
真双子叶植物

大约 85% 的被子植物是真双子叶植物。它们为我们的花园做出了巨大贡献，其中就包括月季、向日葵、铁线莲、槭树、杜鹃花和天竺葵等。真双子叶植物具有分支的叶脉，花 4 数或 5 数（但也有少数例外），易于与单子叶植物进行区分。

真双子叶植物是个规模庞大的类群，可以粗略划分为三个主要支系。其中最小的一支是早期真双子叶植物，包括罂粟科、毛茛科等科，有巨大的形态多样性，既有乔木和灌木，又有藤本和水生植物。剩下的真双子叶植物则分成规模相当的两支：一支叫超蔷薇类，与蔷薇科有亲缘关系；另一支叫超菊类，与菊科有亲缘关系。要准确鉴定这两个超类群并不容易；不过，超蔷薇类常有托叶，而超菊类常有管状花。两个支系中都有丰富的适于园艺应用的种类。

最为人熟知的超蔷薇类有苹果、柑橘、草莓、卷心菜和豆类等食用植物，栎树、槭树、桦树和花楸等观赏树木，以及芍药、堇菜、倒挂金钟和羽扇豆等重要的花卉。超菊类包括绣球（八仙花，*Hydrangea macrophylla*）、山茶、长阶花和欧石南等赏花灌木，牵牛、忍冬和素馨等赏花藤本，以及欧芹、迷迭香、马铃薯（土豆）和番茄等食用植物。

小檗科 *Berberidaceae*

小檗科是一个相对较小的科，却有很大的多样性，在花园中十分重要。小檗属（*Berberis*）、十大功劳属（*Mahonia*）和南天竹属（*Nandina*）为灌木，而其他多数种为草本植物，如淫羊藿属（*Epimedium*）和北美桃儿七属（*Podophyllum*）。

规模

小檗科有大约 715 种，其中有很多观赏植物，却没有任何作物。一些小檗属植物是小麦秆锈病的宿主，所以在一些农垦地区它们的售卖和栽培都受到管制。

Podophyllum peltatum
北美桃儿七

分布范围

小檗科多数属的分布限于东亚和北美洲，但小檗属的分布范围还经欧洲延伸到北非，并沿安第斯山脉到达南美洲。

起源

小檗科被认为是双子叶植物中最早出现的科之一。一些白垩纪（约 9,000 万年前）的花粉化石目前暂时被鉴定为属于小檗科。

花

小檗科的花具有一些原始特征。萼片和花瓣可不存在（裸花草属〔*Achlys*〕）或为多数，彼此常不分化，通常会排列成 2 或 3 轮。在淫羊藿属很多种的花中，最内侧的花瓣形成精巧的角状结构。每朵花通常具 6 枚雄蕊，少数情况下则具 4 枚（淫羊藿属）或 6 枚以上（北美桃儿七属）。

Berberis aggregata
堆花小檗

园艺中的应用

　　一些有刺的小檗科植物在某些地区被视为杂草或杂灌木，但它们也有很多优良特性，在园艺中也可以考虑。小檗科的花果颜色鲜艳，一些落叶种具有绚丽的秋叶。日本小檗（*Berberis thunbergii*）的很多品种在整个夏季都有色彩浓郁的叶丛。小檗科植物可以形成几乎无法穿越的稠密绿篱，是饥饿的野鹿避食的少数木本植物之一。十大功劳属外观常更秀丽，全年均可展示其叶，同时还是有用的冬季开花植物。淫羊藿属为常绿草本，在不易布置的干燥荫蔽环境下生长良好。具有精致复叶的折瓣花属（*Vancouveria*）和具有带斑点的壮硕叶片的鬼臼属（*Dysosma*）都是林地花园的理想用材。

Nandina domestica
南天竹

果实

　　小檗科的果实通常为肉质的浆果（小檗属、十大功劳属、北美桃儿七属、南天竹属）或干燥的蓇葖果（淫羊藿属、折瓣花属）。

叶

　　小檗科的叶形态多变，几乎没有什么共性，因此最好是逐个属来认识。小檗属为常绿植物或落叶植物，叶为单叶，茎上有刺。十大功劳属为常绿植物，叶为复叶，小叶呈羽状排列并常有刺。虽然这两个属看上去差异很大，但很多植物学家喜欢把它们归在一个广义的小檗属里。这两个属的植物在树皮之下通常都有鲜黄色的木质。南天竹属的叶

为多回复叶，无刺，秋季可变为亮红色。北美桃儿七属和山荷叶属（*Diphylleia*）是草本植物，叶形如槭树叶；其他草本属的叶为复叶，可具2枚（二叶鲜黄连属〔*Jeffersonia*〕）、3枚（裸花草属、兰山草属〔*Ranzania*〕以及淫羊藿属的一些种）或更多小叶。大多数种的叶互生（但北美桃儿七属为对生），边缘有锯齿或分裂。

Mahonia napaulensis
尼泊尔十大功劳

罂粟科 *Papaveraceae*

罂粟属（*Papaver*）的花纯朴、简洁，在西方的视觉艺术中有很大的分量，因此绝不会被错认成其他任何花。不过，整个罂粟科却呈现出多种花色和花形，比如烟堇属（*Fumaria*）、荷包牡丹属（*Lamprocapnos*）和博落回属（*Macleaya*）的花看上去都和罂粟属的花非常不同。

规模

罂粟科有 43 属，大约 820 种，主要是一年生、二年生和多年生草本植物。科中也有少数木质化或灌木状的植物，比如罂粟木属（*Dendromecon*）和大罂粟属（*Romneya*）。罂粟属大约有 80 种。

大多数学者把烟堇属、紫堇属（*Corydalis*）和荷包牡丹属等属归入罂粟科，但也有人把它们划归紫堇科（*Fumariaceae*）。这些属的花形状不整齐，叶为复叶且几乎都为羽状分裂。

分布范围

热带地区的人们可能从来没有见过罂粟属植物，因为它们几乎只分布于北半球的温带地区。但南非罂粟（*Papaver aculeatum*）是一个例外。罂粟属在北极地区的一些种居于分布最北的陆生植物之列。

起源

罂粟科已知最古老的种是晚白垩纪的古星果（*Palaeoaster inquirenda*），现已灭绝，其化石有 7,500 万年的历史。很多发掘的化石遗址中都可见其标本。在美国南达科他州，一份古星果的标本发现于一只暴龙的遗骸附近。

花

罂粟科的花大而鲜艳，非常显眼；不管是生长在开阔的草甸上、花境中，还是路边的绿化带里，都很难被人忽略。花中兼有雄蕊和心皮。罂粟科的花通常整齐而对称，但荷包牡丹属、烟堇属和紫堇属则是例外。

罂粟科的花有一个不同寻常的特征：有2 枚绿色的萼片。它们最初包被着花，但在

Papaver dubium
长果罂粟

图 1.1

蒴果　　　种子　　　蒴果横剖

图 1.1　与罂粟属的其他种一样，罂粟
（*Papaver somniferum*）也有"胡椒瓶"状
的膨大蒴果，这种果实只在干燥之后散
出种子。

图 1.2　鬼罂粟（*Papaver nudicaule*）的花
非常亮丽，有多种颜色。它们是非常受
欢迎的短命花坛植物。

图 1.3　荷包牡丹的花形状独特，内侧的
白色花瓣伸到外侧的粉红色花瓣之外。
其花排成弓曲的总状花序。

图 1.2

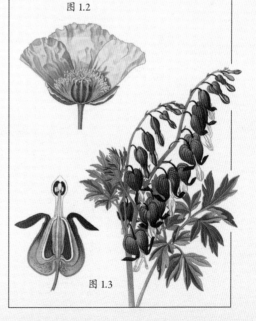

图 1.3

园艺中的应用

　　除罂粟属之外，形态类似的花还见
于其他几个在园艺上颇有价值的属，比
如绿绒蒿属（*Meconopsis*）、海罂粟属
（*Glaucium*）、蓟罂粟属（*Argemone*）和
花菱草属（*Eschscholzia*）。

　　其他观赏属还有紫堇属和烟堇属。
二者均有羽状的叶，是美丽的多年生花境
植物。博落回属是高大的构景植物，可以
长出巨大而轻盈的由许多小花构成的花
序。荷包牡丹（*Lamprocapnos spectabilis*）是
颇受欢迎的多年生花境植物。其学名刚经
过修订，之前一直为 *Dicentra spectabilis*。

Meconopsis
绿绒蒿属

花开放之前不久就悄无声息地凋落了。花瓣
通常为 4 枚，排成 2 轮，在花芽中常皱成一
团。博落回属的花无花瓣。

　　罂粟科一些属的果实很有特色，在花凋
谢后不久就呈现为"胡椒瓶"一般的形态。
果实成熟并干燥后，会有裂瓣或裂孔，在被
风或经过的动物晃动时会散出许多微小的
种子。

毛茛科 *Ranunculaceae*

除了铁线莲属（*Clematis*）和覆萼铁线莲属（*Clematopsis*）中的一些木质藤本植物外，毛茛科是一个非木质化的草本植物科。其中的大部分种是多年生植物，也有一小部分种为一年生，比如翠雀属（*Delphinium*）的一些种和黑种草属（*Nigella*）。尽管也有英文名叫"buttercup tree"（毛茛树）的植物，但它不属于毛茛科。

规模

毛茛科有 1,800 多个种，其中有大量人们非常熟悉的野花和花园观赏植物，比如欧银莲类、铁线莲类、铁筷子类等，当然还有毛茛类。毛茛科也有一些剧毒植物，如乌头属（*Aconitum*）。

Ranunculus acris
高毛茛

分布范围

毛茛科是一群极为成功的植物，该科成员几乎遍及世界的各个角落。毛茛科植物为园艺师熟知的原因之一，可能在于多数种类都可见于北半球温带和寒带地区。

起源

毛茛科通常被认为是一个比较原始的科。它是在早白垩纪即演化出来的最古老的被子植物之一，远早于禾本科之类较为进步的科。

花

毛茛属本身就可以为我们提供大量有关毛茛科形态特征的线索。其花相当简单，呈辐射对称；但它也是少数花瓣和萼片（所有萼片合起来统称花萼）几乎不分化的属之一。有些植物学家把这些不分化的结构统称花被片。

另一个例子是铁线莲属。其花芽为萼片所包，后者可以保护花内部的结构。在花芽生长伸长的过程中，萼片打开，变得更加艳

Clematis jackmanii
杰克曼铁线莲

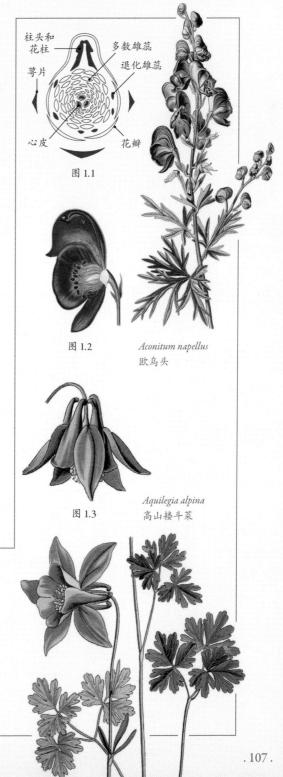

图 1.1

Aconitum napellus
欧乌头

图 1.2

Aquilegia alpina
高山耧斗菜

图 1.3

丽，就像里面的花瓣一样。

　　毛茛属的花容易识别，这使我们很容易忽略毛茛科这群美丽植物真正的多样性。毛茛科并非所有种的花都是圆形、辐射对称的整齐花，科中还有很多奇异的花形，比如翠雀属和乌头属的盔状花。经过演化，这些花中的上萼片扩大并向上弯，这极有可能是吸引特定传粉昆虫的策略。我们还能见到一些有距的花，其中最知名的就是耧斗菜属（*Aquilegia*）那形态独特的花。

图 1.1　这是乌头属一朵花的花图式。花部以辐射对称的方式排列，这是毛茛科的典型特征；但乌头属的上花瓣和花柱被拉长了。

图 1.2　从欧乌头的花的纵剖图中，可以更加清楚地看到它们与毛茛花的相似性。

图 1.3　耧斗菜属的有距的花虽然很独特，但整个花的结构只不过是毛茛科基本花形的变异。

传粉

毛茛科的花显示出其原始祖先的很多特征：花部为多数，呈螺旋形排列，子房上位。这些特征便于甲虫传粉，而甲虫很可能是花朵最古老的传粉者。毛茛科的花大都没有复杂的花形和气味，但前面提到的翠雀属、乌头属和耧斗菜属是例外。

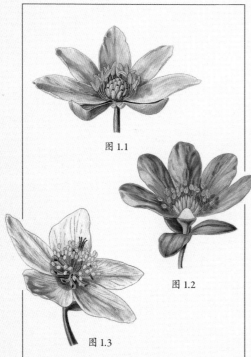

图 1.1

图 1.2

图 1.3

图 1.1　榕毛茛（*Ficaria verna*）的萼片统称花萼。它们和花瓣形态类似，有时无法区分。

图 1.2　欧白头翁（*Pulsatilla vulgaris*）的叶状总苞常被误认为萼片，但真正的萼片实际上是花萼的一部分。

图 1.3　黑铁筷子（*Helleborus niger*）花萼的颜色和斑纹对传粉至关重要。

传粉昆虫被吸引到花心后，可以找到花粉或花蜜作为回报。欧银莲属（*Anemone*）、白头翁属（*Pulsatilla*）和铁线莲属不分泌花蜜，传粉昆虫只为获取花粉而到访。通常来说，花朵最先吸引昆虫的是艳丽的花瓣或萼片；但在唐松草属（*Thalictrum*）的一些种中，是雄蕊显眼的花丝或花药与相对较小的花被片共同吸引昆虫。

叶

毛茛科大多数种的叶有两种着生方式：一些叶为基生（从茎基生长），另一些叶为茎生（长在不断生长的枝条上）。茎生叶通常互生，但铁线莲属是个明显的例外，其叶为对生——对于熟知如何修剪这些藤本植物的人来说，这个特征非常显眼。

毛茛科的叶通常深度分裂（呈掌状分裂），但也有不少例外。比如榕毛茛（*Ficaria verna*）的叶是心形，而水毛茛（*Ranunculus aquatilis*）的叶为羽状细裂——这是对自由流动的水生生境的适应。

毛茛科一些种的花被总苞（即花下面的一轮苞片）所包围，如一些欧银莲类和白头翁类，但最明显的还是黑种草属形态奇特的花。这些总苞有时被误当成花结构的一部分，但它们实际上是变态的叶。

图 1.1

图 1.2

图 1.1 榕毛茛的心形叶在晚冬生出；其花很早开放，是春季的预兆。

图 1.2 水毛茛（*Ranunculus aquatilis*）的羽状细裂叶与毛茛属其他种的叶非常不同，有些植物学家认为水毛茛应该划为一个独立的属——水毛茛属（*Batrachium*）。

图 1.3 黑种草属是毛茛科中的另类成员，不仅因为它有奇特的总苞，还因为它是一年生植物。

图 1.3

园艺中的应用

毛茛科几乎可以提供适用于所有环境和需求的花材。翠雀类适用于阳光充足的环境，水毛茛类适用于溪流，驴蹄草（*Caltha palustris*）适用于池塘，铁筷子类适用于冬季，乌头类适用于春季，欧银莲类适用于荫蔽环境。铁线莲类在花园中尽显所长，因为它是藤本植物，可以占据垂直的空间。此外，晚夏开花的打破碗花花（日本银莲花）也很受欢迎。毛茛科很多属有剧毒，可致人死亡。维多利亚时代的医学书籍详细描述了园艺师在无意中把乌头块根误当成菜蓟吃下之后的可怕的中毒症状和死状。这些植物中的活性毒素乌头碱有时被用作麻醉药和止痛药。

Anemone hupehensis
打破碗花花（日本银莲花）

景天科 *Crassulaceae*

景天属（*Sedum*）及其亲缘植物都是多肉植物，通常为常绿草本或灌木，但生于较寒冷气候中的种可为落叶植物。此外还有一些种是一年生植物和水生植物。

规模

在景天科的 1,380 个种中，几乎一半都属于规模最大的景天属和青锁龙属（*Crassula*）。本科植物基本上只有观赏用途，包括种类众多的景天属，以及伽蓝菜属（*Kalanchoe*）、青锁龙属和长生草属（*Sempervivum*）。

分布范围

尽管景天科植物几乎分布于全世界（极地地区除外），但它们通常见于干旱地区，在热带森林中常不存在。景天科在非洲南部和墨西哥尤为多样，但在澳大利亚和南美洲就难得一见。

起源

多肉植物很少能保存下来，所以我们对景天科的演化史只能通过少数近期的花粉化石而略知一二。

花

景天科的花有 4 或 5 枚萼片，它们可离生或不同程度地合生。与此相似，花中的花瓣也是 4 或 5 枚，可离生或合生。雄蕊的数目有时多于花瓣数，有时则与花瓣数相同。单朵花通常为辐射对称。

果实

果实全为干果，符合荒漠植物的特点，通常为蓇葖果，有时为蒴果。

Sedum aizoon
费菜

Echeveria secunda
福神拟石莲（七福神）

叶

景天科植物的叶全为肉质，通常为单叶，但也有分裂的情况（如落地生根〔*Kalanchoe pinnata*〕）。叶可互生、对生或轮生，但有几个属的叶形成紧密的莲座状叶丛（拟石莲属〔*Echeveria*〕、长生草属、莲花掌属〔*Aeonium*〕等）。

繁殖

很多多肉植物易于繁殖，这可能是在干旱气候中演化的结果，因为在那样的气候中植物易于死亡。当环境变恶劣时，无性繁殖可以让新植株无需开花或传粉就能产生。园艺师可以利用这一点来得到分离出的新植株。丛生的景天科植物通常只要接触到土壤就能生根，所以很容易分株。对于具莲座状叶丛的植物来说，则需要先小心地取下小的莲座状叶丛或者其中的个别叶，然后把它们

Kalanchoe flammea
红花伽蓝菜

放在肥土中培育；它们会迅速生根。对于植株直立的种来说，剪茎扦插非常有效；对于具根状茎的种（包括很多耐寒的多年生种）来说，则可以用铲子或刀将其截断。伽蓝菜属的一些种甚至能在叶上产生形态完整的幼植株，极易落地生长。

金缕梅科 *Hamamelidaceae*

金缕梅科以金缕梅属（*Hamamelis*）的绚丽冬花而知名，此外还包含蜡瓣花属（*Corylopsis*）等其他一些早花灌木，以及一种名贵的园林树种——波斯铁木（*Parrotia persica*）。在栽培植物中，本科喜好壤土质的酸性土。

规模

金缕梅科是中等大小的科，为一群乔木和灌木，其中最知名的成员有金缕梅属和其他一些观赏属（如蜡瓣花属和银刷树属〔*Fothergilla*〕）。全科共有约29属和95种。

分布范围

金缕梅科亚科的分布区域彼此不相连，存在于南北半球的温带和亚热带地区。全科有五个明显的分布中心：北美洲和中美洲、非洲南部和西南部以及马达加斯加、西南亚、东亚和东南亚、澳大利亚北部。

Fothergilla gardenii
银刷树

起源

金缕梅科起源于白垩纪（那也是恐龙生存的时代），在相对晚近的第四纪冰川作用（开始于距今约 250 万年前）到来前的 6,500 万年间是非常成功的科，广布全球。第四纪冰川作用导致本科很多种灭绝，只在一些孤立的地区留下了孑遗种。这就是我们现在在欧洲见不到这个科的原因。

Distylium racemosum
蚊母树

花

　　很难对金缕梅科的花进行概括性的描述，因为它们的变异很大。不过，金缕梅属的花极为独特，有 4 枚修长的花瓣。银刷树属则完全没有花瓣，这可能会让一些园艺师感到惊讶；它的那些绚丽的"花瓣"实际上是许多刷毛状的雄蕊。

　　金缕梅科大部分成员的花聚集为穗状或头状花序。早花性是整个科的特征，这使得科中的一些灌木——特别是金缕梅属和蜡瓣花属——在晚冬花园的布景中非常有用。

Hamamelis virginiana
弗吉尼亚金缕梅

叶

　　金缕梅科大部分成员的叶为普通的椭圆形单叶，在茎上互生。尽管金缕梅属（英文名为"witch hazel"）与桦木科的榛属（*Corylus,* 英文名为"hazel"）没有亲缘关系，但它们的叶确实非常相似。

园艺中的应用

　　作为花园中的木本植物，金缕梅科可以给花园带来很多优美的景色，特别是那些生于中性至酸性土中的种。金缕梅属和蜡瓣花属是任何冬景园都不可或缺的植物，而银刷树属不仅能开出绝美的春花，在秋季还有绚丽的叶色。

　　波斯铁木的观赏季很长，所以是优良的庭园树。秋季，其叶色优美，树皮呈优雅的剥落状；晚冬，其枝头的花也是迷人的风景。

Parrotia persica
波斯铁木

芍药科 *Paeoniaceae*

芍药科包括很多为人熟知的灌木和多年生草本植物。它们在中国有悠久的栽培历史，在欧洲和北美洲也有很多原生种。

规模

目前芍药科中得到承认的种有 25 个。芍药科只包含 1 个属——芍药属（*Paeonia*），植物学家将这种科称为"单型科"。芍药属可分为草本的芍药类和木本的牡丹类。芍药类通常只能长到膝盖或大腿的高度，冬季其地上部分全部枯死；牡丹类为落叶"树"，外观大都像灌木，但也有一些种可以长到 20 米高。

1948 年，日本苗圃工人伊藤东一（Toichi Itoh）设法让牡丹类和芍药类杂交，得到了芍药类花卉的一个新品系——组间杂交的伊藤芍药。它兼有牡丹类和芍药类的特征。

分布范围

芍药科仅原产北半球温带地区，有三个分布中心：南欧和中欧、亚洲、北美洲西部。牡丹类在野外的分布限于中国的中南部和西藏自治区，但它们现已在全世界栽培。

Paeonia delavayi
滇牡丹

园艺中的应用

很多园艺师都非常希望在他们的花园中种上至少一株芍药科植物。芍药科既是观赏植物，又可以用于切花。因此，尽管其花期可能很短，但它们仍然是非常迷人的花境植物。由于大规模的杂交，芍药科花卉如今已经具有了多种花形和花色，从白色至粉红、红、深红和紫色，应有尽有，还有一些双色品种。大花黄牡丹（*Paeonia ludlowii*）及其园艺品种的花为黄色。

起源

芍药科源于虎耳草目（*Saxifragales*）。这个目的化石记录可追溯到晚白垩纪（8,000万年前），而来自新生代的化石证据显示芍药属在大约 6,000 万年前演化出来——当时虎耳草目植物的分布比今天更广。

芍药属一度被归入毛茛科，但其花的重要形态特征足以把这个属与其他科区分开来。这些特征包括：萼片宿存，花瓣源自萼片而非雄蕊，花具肉质蜜腺盘。事实上，芍药科与金缕梅科的关系更近。

花

芍药属以春季和初夏开放的显眼且通常十分美丽的花朵而闻名。每朵花的基部围有 5 枚绿色萼片，偶尔还有叶状苞片。花大，呈杯状，具 5 ～ 10 枚花瓣。花中兼有雄蕊和心皮。花药为多数，离心排列。心皮 2 ～ 5 枚，离生并生于肉质的蜜腺盘上；授粉之后，这些心皮成熟并干燥，形成革质的蓇葖果。其中所包含的种子初为红色，成熟后转为黑色。

叶

芍药属的叶形态独特，草本种的叶在早春破土而出。叶通常深裂，分割为几枚小叶。牡丹类的叶常较大，由木质茎上的芽发育而来。

Paeonia officinalis 'Rubra Plena'
红花重瓣荷兰芍药

花纵剖

单一雄蕊

种子纵剖

成熟的蓇葖果，示种子

虎耳草科 *Saxifragaceae*

虎耳草科以前包括很多木本植物，比如绣球属（*Hydrangea*）和茶藨子属（*Ribes*），但现在仅包括草本植物。虎耳草科常是优秀的园艺植物，有很多高山植物（虎耳草属〔*Saxifraga*〕）和多年生草本植物（落新妇属〔*Astilbe*〕、岩白菜属〔*Bergenia*〕、矾根属〔*Heuchera*〕和鬼灯檠属〔*Rodgersia*〕）。

规模

虎耳草科有 625 种，虎耳草属的种数占其中一半还多，其他很多属只有 1 个种或少数几个种。

分布范围

虎耳草科大部分种见于北半球，常生于高海拔或严寒地区，在东亚和北美洲的太平洋西北地区有丰富的多样性。少数种也见于更偏南的热带山脉。

起源

始新世的伦敦黏土层化石（5,600 万～4,900 万年前）中有虎耳草科最古老的记录。不过，就像其他草本类群的情况一样，这样的记录非常稀少。

Saxifraga flagellaris
匍枝虎耳草

花

花聚集为多种形态的花序，有时覆有叶状苞片。每朵花有 4 或 5 枚（稀为 3 ～ 10 枚）离生或合生的萼片，以及 4 或 5 枚（稀为 3 ～ 10 枚）同样可为离生或合生的花瓣。花瓣也可不存在（鬼灯檠属，以及落新妇属的一些种）或呈精巧的分裂状（唢呐草属〔*Mitella*〕和饰缘花属〔*Tellima*〕）。虎耳草科很多种（岩白菜属、雨伞草属〔*Darmera*〕，以及虎耳草属的很多种）兼有迷人的叶和艳丽的花；落新妇属主要是赏其花，而矾根属及其近缘属主要是观其叶。

Tellima grandiflora
饰缘花

有流苏的花瓣

花的纵剖，示花瓣上附有流苏

叶

　　虎耳草科的叶非常多样，既有虎耳草属一些高山种的微小的、几乎呈针状的叶，又有雨伞草属巨大的、遮阳伞状的叶。叶大多互生，并常簇生为莲座状叶丛，但在金腰属（Chrysosplenium）和虎耳草属的一些种中为对生。叶常为单叶，但矾根属的叶形如槭树叶，而落新妇属和鬼灯檠属的叶分割为小叶。虎耳草属许多高山种的叶数减少；叶可高度分裂，呈舌状或匙状，形成整齐的垫状或紧密的莲座状叶丛。很多高山种以及多年生种（如饰缘花属和黄水枝属〔Tiarella〕）的叶上常有毛。千母草（Tolmiea menziesii）和虎耳草（Saxifraga stolonifera）可形成小植株，因而易于繁殖。

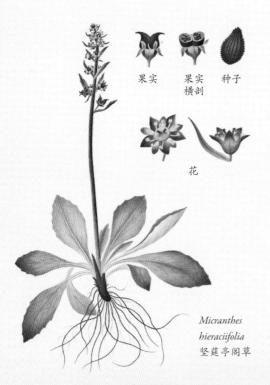

果实　　果实横剖　　种子

花

Micranthes
hieraciifolia
坚莛亭阁草

园艺中的应用

　　矾根属和黄水枝属是 2 个小属，在人类略施援手的情况下它们与其杂交属裂矾根属（×Heucherella）一起贡献了大量具有鲜亮叶色的品种。如此丰富的叶色意味着你可以为盆栽、篮栽和草本花境等大多数场景找到合适的植物。然而要当心葡萄黑象甲！它们专吃盆栽花卉，而且对矾根属有特别的喜好。请在晚上点亮手电筒来搜寻这些害虫。在潮湿的荫蔽地进行花园布景颇有难度，但鬼灯檠、雨伞草属和落新妇属在其中可生长良好。在略干燥的林区则请选用饰缘花属、八幡草属（Boykinia）或千母草属（Tolmiea）。如要观赏壮硕的叶，请种植岩白菜属、槭叶草属（Mukdenia）及它们的杂交属岩槭草属（×Mukgenia）；它们在秋季会呈现出如火的叶色。

Bergenia purpurascens
岩白菜

花中央的
2 枚心皮

大戟科 *Euphorbiaceae*

大戟科是个大而复杂的科。其成员有巨大的变异，因此很难找到一统全科的单个特征。就连作为大戟科名字由来的、该科中最大且最知名的属——大戟属（*Euphorbia*），也有巨大的多样性，属中既有林地草本，又有荒漠多肉植物。

园艺中的应用

大戟属很多春季开花的多年生草本种在花园中很受欢迎。一品红（*Euphorbia pulcherrima*）有颜色鲜艳的苞片，既是暖温带地区常见的灌木，又是一种常见的室内花卉。在亚热带花园中广泛栽培的灌木状的铁海棠（*Euphorbia milii*）有小而红的花和刺极多的茎。热带灌木变叶木（*Codiaeum variegatum*）和红穗铁苋菜（*Acalypha hispida*）在寒冷地带是有用的室内植物；前者赏其独特的革质叶，而后者赏其红色的猫尾状长花穗。蓖麻（*Ricinus communis*）有时会布置在花坛中，赏其充满异域风情的掌状叶。

Euphorbia pulcherrima
一品红

Dalechampia spathulata
美翼木

规模

大戟科有 6,500 多个种，分为 229 属，是被子植物中的大科。大部分种为草本植物。

分布范围

大戟科主要分布于热带地区，但大戟属却在美国南部、地中海地区、中东和南非等一些温带地区站稳了脚跟。热带种分布最集中的地方是印度尼西亚和美洲。大戟属的很

Ricinus communis
蓖麻

蒴果　　一粒蓖
　　　　麻种子

（未按比例绘制）

多非洲种看上去很像仙人掌科植物，这是趋同演化的结果。

起源

英国邱园的植物学家通过分子生物学研究估算出金虎尾目（*Malpighiales*，大戟科为该目成员）最古老的植物出现于大约 9,100 万～8,800 万年前。化石证据表明大戟科在大约 4,500 万年之后形成。

花

单朵花大都小而不显眼。不过，花朵如果大量聚集成花序或"假花"（植物学上叫假单花），则可呈现出绚丽的外貌。比如沼生大戟（*Euphorbia palustris*）有鲜黄绿色的花簇，而红穗铁苋菜有猫尾状的长花穗。

微小的花紧密聚集起来，与颜色鲜艳的苞片和蜜腺共同起到类似花的功用，就构成了假单花。例如，美翼木（*Dalechampia spathulata*）有亮粉红色的苞片，绯苞草（*Euphorbia fulgens*）有亮红色的腺体，而花冠大戟（*Euphorbia corollata*）有不同寻常的白色腺体附属物。

叶

大戟科的叶大多在茎上互生，多为单叶。如果是复叶，则必是掌状复叶（蓖麻叶为掌状分裂），绝不为羽状复叶。茎折断后通常会流出白色的汁液。很多种的汁液有毒，并可刺激皮肤发炎。

Acalypha hispida
红穗铁苋菜

杨柳科 *Salicaceae*

杨柳科为乔木和灌木，其中最知名的成员是柳属（*Salix*）和杨属（*Populus*）。曾经杨柳科只有这2个属，但分类学的变动使得很多热带的以及一些较耐寒的乔木和灌木也被归入本科。

规模

杨柳科有 1,200 种，其中大约 450 种是柳属树种，这个数目还不包括杂交种。

分布范围

传统意义上的杨柳科大多分布于北半球的温带地区，但后来从刺篱木科（*Flacourtiaceae*）划归进来的植物让杨柳科的分布范围延伸到热带和更南的地区。北极柳（*Salix arctica*）是有记录的分布最北的维管植物之一，其生长位置可达北纬 83 度。

起源

美国犹他州和科罗拉多州的始新世沉积物中发现了保存良好的类似柳属的化石，这说明杨柳科植物在那时（5,300 万～4,800 万年前）已经演化出来。

花

柳属和杨属的花小，聚集为柔荑花序，而雄花和雌花分别生于不同的植株上。花无萼片或花瓣；每朵雄花有至少 2 枚雄蕊，有时有更多枚。柳属的柔荑花序形如动物脚

图 1.1 柳树的雌花（左）和雄花（右）没有花瓣，生于不同植株上的柔荑花序中。

图 1.2 这朵雄花有数枚雄蕊和 1 枚有毛的苞片；当雄花聚集在一起形成柔荑花序时，苞片上的毛便在"猫柳"枝条上呈现出猫爪般的外观。

图 1.3 除去苞片的雌花，示子房和旋卷的柱头；花梗上的隆起是蜜腺。

图 1.4 柳树的果实（上）是干燥的蒴果，成熟时开裂，释放出大量微小的种子；种子上有丝状的种缨（下），后者帮助种子随风传播。

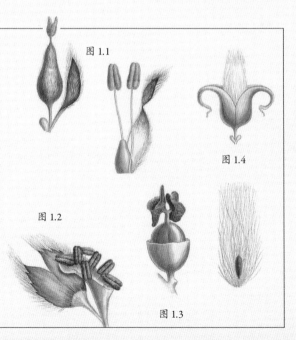

图 1.1

图 1.4

图 1.2

图 1.3

有锯齿的叶

幼小的
柔荑花序

雌柔荑花序

Populus nigra
黑杨

园艺中的应用

柳属和杨属的种很容易与各自属中的其他种交换基因。由此产生的后代（杂种）常比亲本更健壮，因而可用于保持水土、构建障景，以及收获其生物质用于能源生产。对一般的花园来说，成年的柳树或杨树通常株形太大，而且其强力吸收水分的根系易于入侵排水系统，导致地面沉降和地下管道故障。因此，请选择形貌格外迷人的灌木——川鄂柳（Salix fargesii）。截断的柳枝易于生根；如果种成一排，长大后可以兼具栅栏和绿篱的效果。柳枝也可以编织成较低矮的围栏，或是供儿童玩耍的"活体"的小屋。并非只有柳属值得在花园中种植；小叶金柞（Azara microphylla）带香草气味的花会让冬季的空气充满芳香。

爪，呈直立状，且其中每朵微小的花都生于1枚有毛的苞片中，因此有不少种在英文中统称"pussy willow"（猫柳）。杨属的柔荑花序下垂，苞片可有毛、无毛或为膜质。杨柳科其他种的花或者有相同数目的萼片和花瓣，或者没有花瓣。雄蕊可为1至多枚。

果实

果实常为干燥的蒴果（杨属和柳属的种子有丝状毛），但也有浆果和肉质蒴果。

叶

柳属和杨属为落叶树，杨属中的白杨类常有美丽的秋季叶色。杨柳科的其他温带属如山拐枣属（Poliothyrsis）、山羊角树属（Carrierea）和山桐子属（Idesia）也为落叶性，而金柞属（Azara）和其他大多数热带种为常绿性。叶为互生（稀对生），有显著的叶柄；一些种（包括柳属大多数种）有明显的托叶。

Idesia polycarpa
山桐子

堇菜科 *Violaceae*

堇菜科是一个规模中等的科。堇菜属（*Viola*，包括三色堇类）包括了该科大部分的种，是花朵美丽的小型草本植物。科中的其他成员没有堇菜属那样的观赏价值，所以没什么名气。

规模

堇菜属是堇菜科的主要属，有约 700 个不同的种。有些种是一年生植物或短命植物，比如三色堇（*Viola tricolor*）——一种在矮草地和荒地上蔓生的美丽草本。然而，大部分种是多年生草本植物，比如犬堇菜（*Viola riviniana*，英文名为"dog violet"）——它与百合科的猪牙花属（英文名为"dog's tooth violet"）没有亲缘关系。除堇菜属外，堇菜科还有 300 种。请注意：非洲堇属（*Saintpaulia*）与堇菜科没有亲缘关系。

花

果实

分布范围

虽然堇菜属主要分布于北半球温带地区，但整个堇菜科可见于世界各地。该科在热带分布的成员往往局限于海拔较高的地区。

起源

因为缺乏堇菜科的化石记录，所以我们很难有把握地确定它的起源。如今，本科被置于金虎尾目下，由此可判断它可能在白垩纪末期（8,000 万～7,000 万年前）起源。堇菜属的演化则要晚得多。

花

除去堇菜属这个例外，堇菜科的花全为整齐花，有 5 枚萼片、5 枚花瓣和 5 枚雄蕊。它们聚生为总状花序或圆锥花序，或在叶腋单生。

Melicytus crassifolius
黄蜜花堇

蜜花堇属（*Melicytus*）是易生长的灌木，在原产地澳大利亚和新西兰有时作为观赏植物种植。

Viola tricolor
三色堇

Viola lutea
深黄花堇菜

园艺中的应用

堇菜（特别是三色堇类）是极受欢迎的花卉，园艺师用它们来布置季节性花坛或盆栽景观。1979 年，英国园艺学家培育出了可以在冬季的短日照环境下开花的三色堇类，从而改变了冬季的花坛布景。香堇菜（*Viola odorata*）和角堇菜（*Viola cornuta*）等一些较小的种花形更精致但同样美丽。堇菜属一些种（如习见蓝堇菜〔*Viola sororia*〕）可以归化入荫蔽的草坪；有人喜欢这些野草，也有人觉得它们是个麻烦。

Viola odorata
香堇菜

Viola cornuta
角堇菜

堇菜属的花瓣大小不等，最下的一对花瓣常最大，并形成显著的距。花瓣颜色多样，可为蓝、黄、白和乳黄色；有的种的花为二色或多色。花期主要在春季和早夏，但常延续到一年中的其他时段。

传粉

堇菜属的花瓣颜色鲜艳，并有气味和线状的斑纹，可以吸引蜂类前来访花。距中有花蜜作为回报，鼓励蜂类向花的深处钻去，从而让虫体碰到心皮的柱头。昆虫也会碰到花药，背部被撒上花粉。单独一只蜂在花丛中飞来飞去，在一天之内就可以给数以百计的花朵交叉授粉。

豆科 *Fabaceae*

在蔬菜园中豆科可能会证明其价值；一年生的豌豆类和蚕豆类那特征性的荚果尤其醒目。具有重要商业价值的豆科植物有大豆、兵豆、落花生（花生），以及苜蓿和车轴草之类的牧草作物。不过从全世界范围来看，大多数豆科植物是木质化的乔木和灌木，包括很多重要的森林树种和材用树，如相思树类、黄檀属（*Dalbergia*）、皂荚属（*Gleditsia*）和刺槐属（*Robinia*）等。

规模

尽管豆科是植物中第三大科，有 19,500 多种，但其中很多都是热带种，在温带花园中应用受限。当然也有明显的例外。比如，毒豆类和紫荆属（*Cercis*）是乔木，紫藤类和香豌豆类是藤本，相思树属（*Acacia*）和金雀花类（包括金雀儿属〔*Cytisus*〕、染料木属〔*Genista*〕和绒雀豆属〔*Argyrocytisus*〕）是灌木，羽扇豆类和赝靛属（*Baptisia*）是草本——它们都是观赏植物。

单朵花

叶状柄

Acacia acinacea
金粉相思树

Pisum sativum
豌豆

分布范围

豆科分布于全球，只不见于南极洲和北半球极地地区。它在热带具有最丰富的多样性，是湿润和干燥的热带森林的重要组成部分。以撒哈拉以南非洲的干燥林地为例，如果没有金合欢类及其近缘种，这些森林将几乎不复存在。

起源

化石记录和 DNA 研究表明豆科起源于古近纪，其最古老的化石定年为大约 5,600 万年前。在始新世，豆科经历了一段时期的分化，由此发展出几个可识别的大类群。

园艺中的应用

很多耐寒的豆科植物的花演化成由蜜蜂传粉的类型；把它们种在花园中可为这些重要的传粉者提供食物。草坪是开始种植豆科植物的好地方。如果你能忍受的话，不妨让车轴草属和百脉根属（*Lotus*）等豆科杂草在草坪中生长、开花。如果你必须把草皮剪短，那也可以留出一些边角任其生长。荷包豆（*Phaseolus coccineus*）和香豌豆类也是吸引蜜蜂的植物；可以让它们爬上花园边上的篱栏或草本花境中的方尖碑。

Trifolium reflexum
野牛车轴草

Lathyrus odoratus
香豌豆

花

豆科具有多种不同的花形，但对园艺师来说，最熟悉的是蝶形花。这些状如蝴蝶的花朵有 5 枚萼片，它们通常部分合生成管状；5 枚花瓣分化为三种类型，即旗瓣、翼瓣和龙骨瓣。最上部的花瓣为艳丽的旗瓣；侧面 2 枚是翼瓣，为昆虫提供了落脚点；而最下 2 枚龙骨瓣则部分合生。花中有 10 枚雄蕊（有时合生），隐藏在龙骨瓣中，在传粉者落于花上时显露出来。除了这种最常见的蝶形花外，豆科还有以下花形：花瓣小，雄蕊呈艳丽的刷状（相思树属和合欢属〔*Albizia*〕）；花瓣彼此形似（决明属〔*Senna*〕和凤凰木属〔*Delonix*〕）；花瓣大部分合生成管状（车轴草属）。

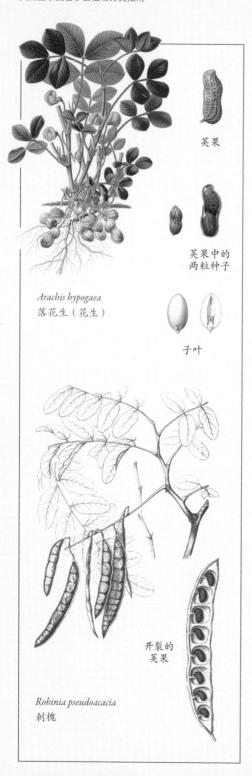

萘果

荚果中的
两粒种子

子叶

Arachis hypogaea
落花生（花生）

开裂的
荚果

Robinia pseudoacacia
刺槐

果实

　　豆科的果实可能是这个科最易识别的特征。豆科最典型的果实是荚果；它们大多狭长，成熟时干燥，沿着两边的 2 条缝线开裂，露出 1 列种子。如果你剥过豌豆荚或蚕豆荚的话，你会对这种典型的豆科果实非常熟悉。豆科还有其他几种类型的果实，但荚果是最常见的。荚果本身也可有观赏性，比如扁豆（*Lablab purpureus*）的紫色豆荚就是如此。为了散播种子，金雀花类和羽扇豆类等一些种的荚果会爆裂；另一些种的荚果则只是开裂，使种子从中掉出。长角豆属（*Ceratonia*）、酸豆属（*Tamarindus*）和皂荚属的荚果有香甜的果肉，可以吸引饥饿的动物。

Lens culinaris
兵豆

Lablab purpureus
扁豆

叶

大多数豆科植物的叶为复叶，小叶呈羽状排列。有的种的小叶为掌状排列（羽扇豆类和车轴草属），有的再分割为更小的小叶（相思树属和合欢属）。紫荆属等少数种类的叶全缘。叶为互生。托叶通常存在，常为叶状，如豌豆属（*Pisum*）；或发育为刺，如刺槐属。在藤本种香豌豆中，顶生小叶为卷须所替代。澳大利亚的很多相思树属树种看上去生有单叶，但这些结构实际上是平的叶柄，称为"叶状柄"。这些种的幼苗通常生有更常见的复叶。很多豆科植物的一个显著特征是叶会在夜晚闭合。含羞草（*Mimosa pudica*）的叶在被饥饿的昆虫或好奇的儿童触碰时也会闭合。

固氮作用

所有植物都需要三种基本营养元素：氮（N）、磷（P）和钾（K）。尽管氮气占到大气总量的 78%，氮元素却难于被植物吸收。植物无法直接从空气中获取氮，它也很少与其他元素反应生成植物的根能够吸收的可溶性化合物。很多豆科植物通过在根上形成根瘤来克服这个问题。根瘤中感染了细菌，这些细菌可以把大气中的氮固定下来，转化为植物可以吸收的形式。这样一来，豆科植物不光可以在养分贫瘠的土壤上生长良好，还可以在土壤中留存供其他植物利用的氮。利用这一点，园艺师可以把豆科植物用于作物轮作，也可以把它们作为绿肥或者覆盖作物种植。收获豆科植物之后，就可以继续种植那些需要大量养分的作物（如玉米）——它们会受益于土壤中残留的含氮化合物。

Delonix regia
凤凰木

桑科 *Moraceae*

桑科大多是乔木、灌木和巨大的热带木质藤本植物。其花通常微小，发育成聚花果，比如人们熟悉的可食用的无花果（*Ficus carica*）和桑葚。本科植物共有的特征是有乳汁、不显眼的花和聚花果。

规模

桑科有大约 1,150 种，分属 38 个属。无花果只是其中最重要的属——榕属（*Ficus*）中的一种，该属在全世界热带地区有大约 850 个具代表性的种。在榕属植物中有灌木、藤本、附生植物、乔木以及可以把所附生的树木包裹缠绕至死的怪异的绞杀植物。桑属（*Morus*）有大约 12 个种，它们统称"桑树"，均为落叶性，在温带地区生长良好。

有些学者把大麻属（*Cannabis*）和葎草属（*Humulus*）也归入桑科。但它们的花为 5 数，果实是干燥的瘦果，茎为草质，与桑科不同；它们自成一科——大麻科（*Cannabaceae*）。

Morus nigra
黑桑

分布范围

桑科的成员在全世界热带和亚热带广泛分布。在温带地区也有一些知名的种，如黑桑和无花果。金榕（*Ficus aurea*）之类的绞杀榕是很多雨林生态系统中不可或缺的组成部分。金油木（*Milicia excelsa*）是原产热带非洲的贵重阔叶材用树。

Broussonetia papyrifera
构树

构树是一种古怪的灌木，没有哪两片叶子具有相同的形状。其雌花聚集成直径约 2 厘米的球状花序。

起源

演化生物学家通过分析 DNA 序列估算出桑科的祖先出现于大约 8,000 万年前。不过，现生种很可能主要在 4,000 万到 2,000 万年前才演化成形。桑科与荨麻科（Urticaceae）有密切的联系。

花

桑科的花是单性花，也就是说花要么是雄花，要么是雌花。两种性别的花可生于同一植株上，也可生于不同植株上。单朵花非常小，有 4 枚花被片。花在平顶或碗状的花序托上簇生在一起，或者聚集为柔荑花序。

果实

果实非常多样，通常为肉质，有的可食用。肉质部分并非来源于花中的子房，而是来自花所着生的花序托。

Artocarpus altilis
面包树

面包树的很多品种所结的巨大果实表面粗糙，不含种子，因此更方便食用。

榕属的传粉

榕属植物的一个特征是花序托为半封闭的碗状，把微小的花包裹在里面。花由雌性榕小蜂传粉。榕小蜂要费力钻入花序托，为里面的花授粉。作为这一工作的回报，榕属植物献出大约三分之一的未成熟种子作为榕小蜂孵化出的幼虫的食物。

Ficus carica
无花果

无花果独特的果实具有复合的结构。它由很多个具 1 粒种子的小果聚集而成，成熟时由绿色变为褐色。

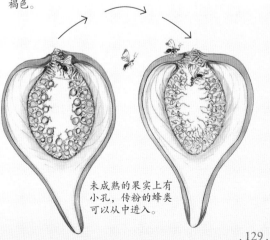

未成熟的果实上有小孔，传粉的蜂类可以从中进入。

蔷薇科 *Rosaceae*

对园艺师来说，蔷薇科可能是植物的所有科里面最重要的科了。科中乔木、灌木、多年生草本、藤本、一年生植物和高山植物应有尽有，在花园的每个角落都有蔷薇的亲戚。蔷薇科也具有很高的商业价值，因为苹果、扁桃、梨、李子、桃、樱桃、草莓、覆盆子及其他不少结水果的种都属于蔷薇科。

规模

蔷薇科有 3,000 多个成员。尽管其中结水果的种更为人熟知，但这个科也包括了花楸属（*Sorbus*）、山楂属（*Crataegus*）、火棘属（*Pyracantha*）、栒子属（*Cotoneaster*）等观赏乔木和灌木，当然还有蔷薇属（*Rosa*）。草本花境也要依赖多种蔷薇科植物，比如羽衣草属（*Alchemilla*）、路边青属（*Geum*）、委陵菜属（*Potentilla*）和蚊子草属（*Filipendula*）。

Rubus spectabilis
蜂窝悬钩子

Prunus domestica
欧洲李

分布范围

蔷薇科见于除南极洲外的所有大洲，在北半球尤为多样。它在干旱或湿润的热带地区较不常见，却是温带森林的重要组成部分。

起源

蔷薇科最早的化石记录可追溯至大约 1 亿年前。它们的花相对较不特化，这使得多种多样的昆虫均可到访。与此不同，一些更为进步的科与传粉者之间则演化出了复杂且常高度特化的关系。

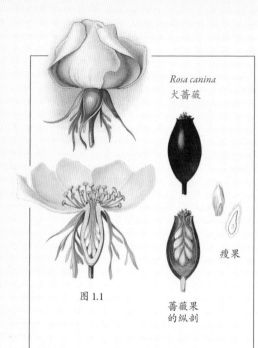

Rosa canina
犬蔷薇

瘦果

图1.1

蔷薇果
的纵剖

花

犬蔷薇（*Rosa canina*）的花较简单，是蔷薇科基本花结构的好例子。花中有5枚绿色萼片保护着花芽，花芽开放之后露出5枚鲜艳的花瓣和一簇稠密的雄蕊。育种者已经让很多蔷薇、月季、樱花（属于李属〔*Prunus*〕）和其他种长出更多的花瓣，形成华丽的重瓣花；这些花中的雄蕊几乎不可见或完全不存在。蔷薇科中的其他成员如羽衣草属和地榆属（*Sanguisorba*）则完全没有花瓣。本科的花常有香气，玫瑰花就被商业化种植以提取调制香水所需的精油。不过，并非所有种都有芳香的花朵，有些种闻上去并不令人愉悦。不过好在花楸属的花期短，其花的腥臭味只会持续很短的时间。

图1.1　蔷薇属植物的若干心皮包在一个名为"被丝托"的杯状结构中。传粉完成后，被丝托就变成肉质的蔷薇果，但真正的果实是它里面干燥的瘦果。

图1.2　樱花也有杯状的被丝托，但里面只有单独1枚心皮，它发育成单独1枚肉果，其中包含有单独1粒种子。

图1.3　除去花瓣和被丝托后再将子房纵剖，便明显可见在子房中发育的单独1粒种子。

Sanguisorba officinalis
地榆

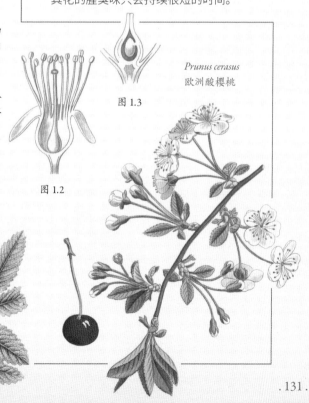

图1.3

Prunus cerasus
欧洲酸樱桃

图1.2

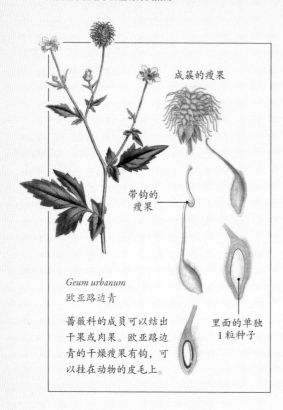

成簇的瘦果

带钩的
瘦果

Geum urbanum
欧亚路边青

蔷薇科的成员可以结出干果或肉果。欧亚路边青的干燥瘦果有钩，可以挂在动物的皮毛上。

里面的单独
1 粒种子

果实

在蔷薇科这个大科中，果实的变异极大。生有干果的植株可具观赏性，比如路边青属、仙女木属（*Dryas*）和芒刺果属（*Acaena*）。肉果尤为常见，对园艺师和农民均有重要意义。苹果、李子、覆盆子和草莓代表了肉果的四种主要类型，它们之间的主要区别在于果肉如何从花发育而成。苹果的种子包在革质的核心中，苹果核外面包围的果肉由被丝托发

Prunus armeniaca
杏

育而成。李子的种子包在硬壳中，形成果核；果肉由单独 1 枚心皮发育而成。覆盆子的果实包含众多微小的小果，小果在结构上类似李子，但簇生在一起。最后，草莓压根儿不是真正的果实；其肉质部分也由被丝托形成，肉质部分上的硬粒才是由心皮发育成的真正果实。

叶

蔷薇科的叶也有很大的变异。它们通常在乔木和灌木的茎上互生，或在草本种的植株基部簇生。叶可为单叶而不分裂，也可为羽状或掌状分裂。蔷薇科的叶通常还在每枚叶柄的基部有一对簇生的叶状结构——托叶。大多数种为落叶性，在秋季常有怡人的秋色，比如涩石楠属（*Aronia*）和花楸属。也有一些常绿种，包括桂樱（*Prunus laurocerasus*）、枇杷（*Eriobotrya japonica*）、火棘属，以及枸子属的很多种。

Malus domestica
苹果

Sorbus aucuparia
欧亚花楸

传粉

　　大多数植物的生殖涉及花粉从一朵花的雄蕊传到另一朵花的柱头的过程。这实现了基因的传递，导致结出的种子和由种子长出的幼苗在遗传上与其父本和母本都有差别。两个不同的种交叉传粉时，要么结出不可育的种子，要么形成杂种——杂种的形态通常介于两个亲本之间。在采集有园艺价值的植物的种子时，请记住这一点：种子长出的幼苗可能并不会拥有其母本的优良特征。这样的杂种通常不育，自己无法结出种子，但蔷薇科中有几个属是例外，包括羽衣草属的一些种、山楂属、悬钩子属（*Rubus*）和花楸属。它们的杂种可以不经过任何基因传递就结出种子，种子萌发而成的幼苗在遗传上与母本完全相同。对于这些植物，你尽可以放心播种，因为你一定能得到完全如意的植株。

园艺中的应用

　　如果没有蔷薇科，很多果园、公共农圃、草本花境和树林会呈古怪的残破状。除此以外，蔷薇科还提供了很多其他类型的有用的植物。如果要种植一道引人注目的绿篱，那么很难有其他植物能与山楂属、桂樱、**红罗宾**红叶石楠（*Photinia* × *fraseri* 'Red Robin'）或适宜滨海地区种植的玫瑰（*Rosa rugosa*）媲美。林石草（*Waldsteinia ternata*）、灰蓝芒刺果（*Acaena caesiiglauca*）和小粗叶悬钩子（*Rubus pentalobus*）等地被植物可以降低杂草丛生的风险，而攀缘和蔓生的月季品种易于在拱廊和凉棚上修剪成形。蔷薇科最有用的特性可能是它们对野生动物的价值；其花可吸引多种昆虫，美味的果实更能保证任何种满蔷薇科植物的花园都能成为许多野生动物的家园。

Rosa multiflora
野蔷薇

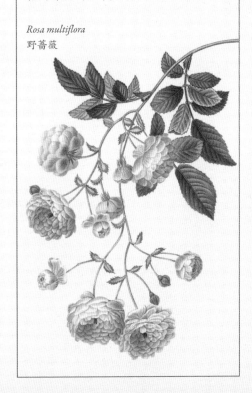

秋海棠科 *Begoniaceae*

　　大多数园艺师对秋海棠类花卉都不会陌生，它们可能要么是悬篮中乱糟糟的布景，要么是窗台上摆放的可爱盆花。科中有多年生草本和灌木，它们可生有须根、根状茎或块茎；还有一些种是木质藤本或一年生植物。

规模

　　秋海棠科有大约 1,400 种，但除了 1 种之外，都归于秋海棠属（*Begonia*），这让这个属成了被子植物中的第六大属。唯一不属于秋海棠属的种是夏海棠（*Hillebrandia sandwicensis*），它原产夏威夷群岛。

Begonia 'Prestoniensis'
普雷斯顿杂交秋海棠

雄花 ——

雌花 ——

分布范围

　　秋海棠科分布于亚洲、非洲和南北美洲的热带和亚热带地区，很奇怪的是它在澳大利亚没有分布。秋海棠属植物常生于热带乔木的枝条上或雨林的地面上。

起源

　　秋海棠属柔嫩的茎叶很难形成化石。最近发现的一份化石源自上新世（500 万～300 万年前），但其他分析表明这个科很可能在始新世或渐新世（4,500 万～3,000 万年前）就已存在。

花

　　秋海棠属的花为单性，雄花和雌花多生于同一植株之上，稀为异株。花生于叶腋，可成簇或单生。萼片和花瓣外形相似（统称花被片），通常为白色或粉红色，稀为红、橙或黄色。雄花有 2 对花被片（其中一对大于另一对），并有一束黄色的雄蕊。雌花有 5 枚花被片，其下方是有三棱并有翅的醒目的子房；雌花中似乎也有黄色的"雄蕊"，但它们实际上是柱头。在这些基本形态之外，花被片的数目会有变异，很多栽培秋海棠品种有许多额外的花被片。夏威夷的夏海棠属（*Hillebrandia*）的雄花和雌花都有 5 枚萼片和 5 枚花瓣。

Begonia coriacea
草叶秋海棠

叶

秋海棠属的叶最独有的特征或许是其形状不对称，样子常似人耳。叶互生（偶尔也可对生）并呈肉质，通常有叶柄和显著的托叶。大多数种的叶全缘，但也可为羽状分裂（二回裂秋海棠〔*Begonia bipinnatifida*〕）或掌状分裂（棕叶秋海棠〔*Begonia luxurians*〕）。秋海棠属的叶在颜色和叶形上有巨大的多样性，这是它们最重要的园艺特性之一。

Begonia diadema
小冠秋海棠

园艺中的应用

秋海棠属有许多不同的生长型，因而有多种用途。与大多数夏季花坛植物不同，球根秋海棠和四季海棠可以耐受一定的荫蔽，所以可为朝北的花境和容器选择这些品种。夏季，可在室外种植不耐寒的棕叶秋海棠，营造一丝异域风情；它巨大的叶子会令你的邻居们赞叹不已。与棕叶秋海棠不同，多年生草本的秋海棠（*Begonia grandis*）可以整年都留在室外，它们在冬季仍会靠地下块茎存活。在室内则有许多优秀的观叶秋海棠品种可供选择，比如叶有毛的毛耳秋海棠（*Begonia sizemoreae*）或叶为银色的帝王秋海棠（*Begonia imperialis*）；也可以用精致的马来王秋海棠（*Begonia rajah*）在一只旧玻璃罐中建造一个盆景。

Begonia grandis
秋海棠

葫芦科 *Cucurbitaceae*

葫芦科植物统称"瓜类",其膨大的果实(南瓜、西葫芦、瓠瓜、甜瓜等)可谓家喻户晓。科中少数种是木质藤本(丛林中的大型攀缘植物)。有一个种叫胡瓜树(*Dendrosicyos socotrana*),原产阿拉伯半岛近海中的索科特拉岛,是一种非常奇特、形似猴面包树的乔木,而索科特拉岛也以奇异的植物而闻名。

规模

葫芦科有 122 属,大约 940 种。它们常为攀缘性的一年生草本植物,遇霜冻则死。

分布范围

葫芦科见于全世界热带和亚热带地区,在南美洲的雨林和非洲的野生林地中尤多。少数种适应较干旱的半荒漠生境,在其产地可成为原住民食物和水的重要来源。在全世界的温带地区,很多品种均作为一年生食用作物栽培。

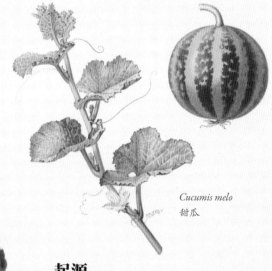

Cucumis melo
甜瓜

Momordica balsamina
胶苦瓜

起源

葫芦科有大量的化石记录,其中最古老的化石来自一个名为南瓜叶(*Cucurbitaciphyllum lobatum*)的史前种,定年为古新世(6,100 万~5,600 万年前)。

关于瓜类的准确演化起源,还有一些谜团未解,因为它们与有时归为其近缘类群的科(比如秋海棠科)之间几乎不见什么亲缘关系。瓜类具有很特别的形态结构和生物化学特性,这意味着它是个高度演化的支系。

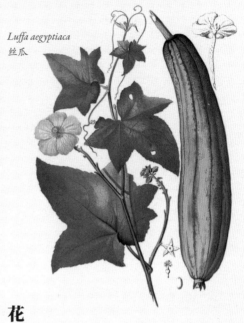

Luffa aegyptiaca
丝瓜

叶

葫芦科共有的特征有：叶为单叶，具掌状脉，在茎上互生；茎具 5 棱，有毛。有时叶较宽阔，掌状分裂。

很多种会在每枚叶片基部生有单独 1 根卷须，其尖端可缠绕在附近任何可以为植株提供支撑的物体上。缠绕之后，卷须其他部位旋扭成弹簧状，把茎拉近为其提供支撑的物体。

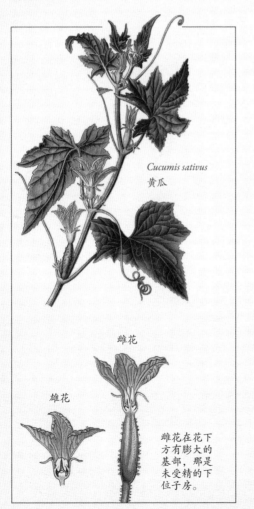

Cucumis sativus
黄瓜

雌花

雄花

雌花在花下方有膨大的基部，那是未受精的下位子房。

花

花分雄花和雌花（即为单性），有时生于同一植株上，有时生于不同植株上。雌花清楚地展示出"下位子房"的特征——花瓣和萼片位于子房上方。当子房膨大形成果实时，非常容易看清这个位置关系。花瓣黄色或白色，常较大，基部多少合生。

果实

瓜类的果实有时形状奇特而美丽。以南瓜为例，有的品种具长而弯曲的颈部，有的表面疙疙瘩瘩，颜色都多种多样。这些果实实际上是浆果。按定义，浆果是一类没有石质或木质果皮层、含有多数种子的肉果。

瓜类的果实常有较坚硬的外皮（比如西瓜和南瓜），也有的种具干燥的革质果皮。丝瓜（*Luffa aegyptiaca*）可出产丝瓜络，它从本质上来说是这种植物果实的干燥骨架。

桦木科 *Betulaceae*

桦木科是一群乔木和灌木，包括桤木属（*Alnus*）、桦木属（*Betula*）、鹅耳枥属（*Carpinus*）和榛属等。其形态优雅，叶脉整洁，树皮剥落后常有鲜艳色彩，因此多有栽培。榛子的种仁可食用，因此被商业化种植。

规模

桦木科是个小科，有大约 140 种，它们大多归于前面提到的 4 个属，其中桦木属最大。除此之外，桦木科还有 2 属，总计 6 属。铁木属（*Ostrya*）和虎榛子属（*Ostryopsis*）加上前面提到的 4 个属构成了桦木科的"六人组"。

分布范围

桦木科树种在欧洲、亚洲和北美洲的温带很常见。它们也分布到热带，但仅见于高海拔地区。欧洲桤木（*Alnus glutinosa*）在北非也有生长，而尖叶桤木（*Alnus acuminata*）的分布可达阿根廷北部。

起源

桦木科有大量的化石，化石证据表明这个科起源于古新世（6,500 万年前），可以识别的现代属则在大约 4,500 万年前出现。

花

桦木科所有的种均具柔荑花序。它们没有绚丽的花朵，但这些在风中悬荡碰撞的花序别具一丝魅力。雄花和雌花在同一植株上

雄花

雌花

Corylus avellana
欧榛

榛属的雄花和雌花易于识别，它们生于同一植株上。

种子

生于各自的柔荑花序中。雄花序下垂，向风中散出花粉。雌花序可直立（榛属和虎榛子属），也可下垂并具显眼的苞片（鹅耳枥属和铁木属）。柔荑花序由许多鳞状苞片构成，每枚苞片中生有 1～3 朵花。单朵花非常小，只有很少的萼片或花瓣，或完全没有。桤木属的雌柔荑花序形如小球果；榛属的雌花序则高度退化，除了外凸的亮红色柱头之外几乎看不清。

果实

　　桦木科所有种的果实均干燥，含 1 粒种子，包于果序中。桦木属的果序会解体，散出微小而带翅的果实。鹅耳枥属的苞片发育成翅状，帮助果实扩散。榛属的苞片为叶状，有时为刺状；它们精致地簇生在一起，榛子就在其中形成。

叶

　　桦木科典型的叶为互生，单叶，边缘有齿，具小而早落的托叶。叶最常为脱落性，一些种可在秋季呈现出引人注目但为时不长的绚丽叶色。少数种为常绿性或至少为半常绿性，常绿桤木（*Alnus jorullensis*）即是如此。鹅耳枥属和其他很多树种的叶脉常十分显眼，让植株呈现出整齐利落的外观。

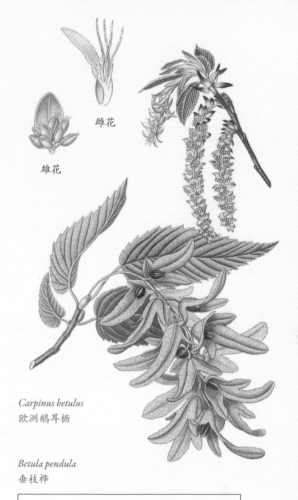

雌花

雄花

Carpinus betulus
欧洲鹅耳枥

Betula pendula
垂枝桦

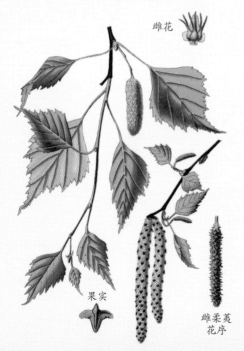

雌花

果实

雌柔荑
花序

园艺中的应用

　　一些桦树剥落状的树皮外观显眼，常有艳丽的色彩，让这些树种得以在很多中型花园中占据一席之地。其中最知名的是雪山桦（*Betula utilis* var. *jacquemontii*），它具有雪白色的茎干，让冬景为之改观，群栽尤佳。与之不同，红桦（*Betula albosinensis*）的树皮为精致的粉红色，呈片状剥落。桦树并非桦木科中仅有的美丽树种。川黔千金榆（*Carpinus fangiana*）在晚夏可从枝条上垂下雌柔荑花序；花序与树上具整齐叶脉的硕大叶片对比鲜明，形成夺目的风景。

壳斗科 *Fagaceae*

壳斗科中有很多极具魅力的树种，包括栎属（*Quercus*）、水青冈属（*Fagus*）和栗属（*Castanea*）。它们是宝贵的资源，既可出产木材，又可出产其他林产品，比如可食用的栗子以及软木塞。这些树种还是重要的景观树，但也有一些种只长成较小的灌木。

规模

壳斗科有 970 多种，其中近一半（430 种）是栎树；科中很多树种是有用的园林树或景观树。娇小而形如冬青的矮高山栎（*Quercus monimotricha*）很少能超过 2 米，而高大的红栎（*Quercus rubra*）则常长到这个高度的 20 倍，最适于公园和开放景观地栽培。

Lithocarpus daphnoideus
瑞香状柯

Fagus sylvatica
欧洲水青冈

分布范围

壳斗科常见于北半球的温带和热带地区。栎属、水青冈属和栗属在整个北半球大陆上呈连续而广袤的分布，科中其他属则局限于亚洲（锥属〔*Castanopsis*〕和柯属〔*Lithocarpus*〕）或北美洲（金鳞栗属〔*Chrysolepis*〕和假石栎属〔*Notholithocarpus*〕）。少为人知的三棱栎属（*Trigonobalanus*）见于哥伦比亚和东南亚。

起源

与桦木科一样，壳斗科的化石记录也很丰富。化石证据表明壳斗科起源于大约 8,200 万年前的晚白垩纪。

花

花均分雄花和雌花；二者通常生于同一株树上，有时生于同一个花序中。大多数属的雄花组成手指状的花穗；有的属的雄花排成下垂的柔荑花序（栎属），或排成头状（水青冈属）。雌花可 2 或 3 朵簇生，组成花穗或单生。萼片和花瓣不显眼；雌花周围有几枚彼此重叠的苞片，苞片发育成名为"壳斗"的结构，把果实包于其中。

果实

栎属及其近缘属（柯属和假石栎属）的每朵雌花发育出单独 1 枚带壳斗的圆形橡果，壳斗上覆有鳞片。在水青冈属和科中其他属中，每朵花形成 1 或多枚有棱角的、为具刺的壳斗所包围的坚果。

叶

壳斗科树种可为落叶性或常绿性。落叶种在秋季可展现出极美的叶色；常绿种的叶则有闪亮的光泽，有时在叶片下表面具有暗淡的毛被，与正面的光泽形成鲜明对比。

叶通常互生，为单叶；但一些栎树的叶

雌花的纵剖

雄花

Castanea sativa
欧洲栗

栗树的果实在具刺的壳斗中发育；果实成熟时壳斗裂开。

展现出一系列复杂的分裂式样。托叶存在，但最好在新生的枝条上寻找它们。叶缘全缘，或有锯齿；叶柄基部通常膨大。

橡栗大年

传统上，每到秋季，很多养猪的农民会把猪赶到落叶林中，让它们吃栎树的橡果和水青冈的坚果而育肥，这些壳斗科树种的果实统称"橡栗"。有些年份中，这些树木可共同结出丰盛的橡栗；这些橡栗不光对农民有好处，而且也让更多的树木种子幸存下来。这种大规模同步结实的现象就称为"橡栗大年"。它有利于减小松鼠、松鸦和野猪（及其家养的亲戚）等食种动物的影响，保证一些种子能留到萌发。然而，对于让面积广大的一片地区内的树木在结实数量上保持同步的确切原因，人们目前仍不清楚。

Quercus montana
峰栎

Quercus velutina
东美黑栎

胡桃科 *Juglandaceae*

胡桃科最有名的成员是胡桃属（*Juglans*）和山核桃属（*Carya*）；但本科也包含许多其他阔叶大乔木，它们的木材与果仁均有经济价值。胡桃科树种有巨大的树形，这是它们与近缘的壳斗科（包括水青冈属和栎属）和桦木科（包括桦木属和鹅耳枥属）共有的特性。

规模

胡桃科是个小科，只有 61 种落叶阔叶树，它们分属于 8 个属。本科又可进一步分为两个亚科。胡桃亚科（*Juglandoideae*）只包括 2 属：胡桃属和山核桃属。黄杞亚科（*Oreomunneoideae*）则包含一些少为人知的属，如枫杨属（*Pterocarya*）、黄杞属（*Engelhardia*）、坚黄杞属（*Oreomunnea*）和化香树属（*Platycarya*）。

Engelhardia spicata
云南黄杞

园艺中的应用

胡桃科以出产可食用的胡桃（*Juglans regia*）、美国山核桃（碧根果，*Carya illinoinensis*，异名为 *Carya pecan*）和粗皮山核桃（*Carya ovata*）而知名。它们也是有价值的景观树，其中一些还有优美的秋季叶色。但它们树形过大，只适用于大花园和庄园。

Carya illinoinensis
美国山核桃
（碧根果）

分布范围

胡桃亚科分布于温带和亚热带地区，主要生于北温带，但有一些美洲种的分布向南延伸到安第斯山脉。黄杞亚科的热带性较强，在中美洲以及南亚至东南亚、中国都有代表种类。

起源

化石记录显示，壳斗目（*Fagales*，胡桃科是其成员）的所有主要支系在晚白垩纪（大约 9,700 万年前）都已存在。之后，专门属于胡桃科的化石在距今大约 6,600 万年前开始出现，其时已是古近纪。

花

花为单性，雌花与雄花生于同一植株上。雄柔荑花序从前一年生的枝条上垂下，较小的雌花穗则生于当年春季的新枝上。单朵花很小，靠风传粉。当花大量盛开时，景象有时非常美丽，特别是当枫杨属等树种的翅果开始发育的时候。有时候，花的外侧花部难于观察，因为花常过小或很早就枯萎凋落。

果实

可通过果实区分胡桃亚科和黄杞亚科。胡桃亚科的果实为核果，而黄杞亚科的果实为有翅的坚果。枫杨属的果实没有肉质果皮，而是在每 1 枚干燥的坚果上生有 2 枚彼此相对的翅。青钱柳（*Cyclocarya paliurus*）的果翅则环绕坚果。胡桃属和山核桃属的果实为一种核果。其果实外皮为肉质，包藏 1 枚木质的"果核"，果核通常坚硬而不易裂开。果核中包含种子，也就是我们熟悉的山核桃仁和胡桃仁。胡桃属的果核表面有雕纹，而山核桃属的果核表面光滑。

Juglans regia
胡桃

雄花构成下垂的柔荑花序，雌花发育为球形的绿色果实。叶为羽状复叶，互生。

单朵雄花

柔荑花序的一部分，示雄花

雄花的花药

单朵雌花（左）；雌花纵剖，示其中的胚珠（右）

果实的剖面，示肉质包被（果皮）和其中的果核

果核的剖面，里面有可食的子叶

单枚子叶

牻牛儿苗科 *Geraniaceae*

牻牛儿苗科有多年生草本植物和小灌木，也有一些一年生植物。本科包括在园艺上非常重要的老鹳草属（*Geranium*）、牻牛儿苗属（*Erodium*）和天竺葵属（*Pelargonium*）。天竺葵属和凤嘴葵属（*Monsonia*）中有很多奇特的多肉植物。

规模

在牻牛儿苗科的 650 个种中，大部分种都归于老鹳草属或天竺葵属。这 2 个属曾经被长期混淆；天竺葵属植物最早从非洲引入欧洲时，被归于欧洲原生的老鹳草属。虽然这 2 个属后来被区分开来，但来自老鹳草属学名的英文单词"geranium"已被广泛用作这 2 个属的通称。

分布范围

牻牛儿苗科分布于南极洲之外的所有大洲，在温带和亚热带最常见。在热带，牻牛儿苗科通常见于高海拔地区。

Geranium pratense
草原老鹳草

Geranium robertianum
汉荭鱼腥草

起源

有一份来自渐新世（大约 2,800 万年前）的花粉化石已被鉴定为属于牻牛儿苗科。这是一个相对较为年轻的科，很可能起源于大约 3,300 万年前的始新世和渐新世之交。

花

牻牛儿苗科主要用来赏其鲜艳的花朵，它们大多为粉红、红、紫或白色。本科大多数属的花为辐射对称，但天竺葵属例外——其花略呈两侧对称。每朵花有 5 枚萼片，它们可离生或在基部略有合生。每朵花有 5 枚

园艺中的应用

　　牻牛儿苗属和老鹳草属的草本种是有用的花境多年生植物，蜜蜂非常喜欢它们的花。牻牛儿苗属一些较为娇巧的种在景观置石、墙壁缝隙和路面石砖间的排水良好的土壤中长势旺盛。天竺葵属也有很多有价值的园艺植物，特别是马蹄纹天竺葵（*Pelargonium zonale*）、大花天竺葵、盾叶天竺葵的系列品种，它们在花坛和悬篮的布置中非常有用。和很多花坛植物不同，天竺葵类耐旱，不需要没完没了的灌溉，比较节水。很多叶有香气的天竺葵品种是优良的容器栽培植物，据说还可以驱逐一些有害昆虫，所以很适合在蔬菜植物旁边伴种，或是在厨房门旁边盆栽。

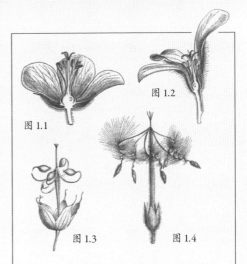

图1.1　老鹳草属（*Geranium*）的花的纵剖；花为辐射对称，所有花瓣等大。

图1.2　天竺葵属（*Pelargonium*）的花的纵剖；花为两侧对称，一侧的花瓣略大。

图1.3　老鹳草属的果实（或叫分果）具5部分，干燥时迅速裂开，把种子从母株弹射到很远的地方。

图1.4　天竺葵属的分果也会裂开，但其种子通常有羽状的冠毛，可以靠风力散播。

离生的花瓣。很多种的花瓣有显眼的线纹，它们可为传粉者提供引导；牻牛儿苗属和天竺葵属一些种的上方2枚花瓣有艳丽的斑块。大多数种具5、10或15枚雄蕊，但天竺葵属可具2～7枚雄蕊。

叶

　　天竺葵属很多种以叶具芳香气味而知名，其气味类似月季、薄荷、柑橘或巧克力的气味。与此相反，汉荭鱼腥草（*Geranium robertianum*）的叶却有令人不快的气味，这种植物在英文中被称为"stinky Bob"（臭鲍勃）。叶为互生或对生，具叶柄和托叶；很多种的叶有毛。

　　一些种的叶上有明显的暗色斑纹，比如马蹄纹天竺葵和暗色老鹳草（*Geranium phaeum*）。叶可为单叶或复叶。如果是复叶，则小叶可为羽状或掌状排列。叶缘全缘或具齿。灌木种的茎通常有明显的节，很多灌木种的植株至少有一部分肉质化。

Pelargonium zonale
马蹄纹天竺葵

桃金娘科 *Myrtaceae*

桃金娘科的乔木和灌木大都为常绿性，常有具观赏性的剥落树皮，其花具多数雄蕊，富有异域风情。桉属（*Eucalyptus*）、白千层属（*Melaleuca*）、松红梅属（*Leptospermum*）和红千层属（*Callistemon*）尤为人所知。

规模

桃金娘科有 5,500 种，其中包括重要的材用树种（伞房桉属〔*Corymbia*〕和桉属）、水果（如番石榴属〔*Psidium*〕和野凤榴属〔*Acca*〕）以及重要的香料作物（如丁子香〔*Syzygium aromaticum*〕和多香果〔*Pimenta dioica*〕）。一些种（如白千层属、松红梅属和桉属）可出产重要的芳香油。

分布范围

桃金娘科主要分布于热带地区，一些有园艺价值的植物来自较凉爽的南美洲南部（龙袍木属〔*Luma*〕、柳番樱属〔*Myrceugenia*〕和莓香果属〔*Ugni*〕）及地中海地区（香桃木属〔*Myrtus*〕）。不过，科中耐寒和有观赏性的植物最为多样的地区还要数澳大利亚。

起源

来自中始新世（大约 4,500 万年前）的桃金娘科蒴果化石显示，本科起源于更早的时间，在晚白垩纪（9,000 万～7,000 万年前）就已出现。

花

桃金娘科的花为辐射对称，可单生或组成多种花序。它们通常有 4 或 5 枚萼片，4 或 5 枚花瓣，以及多数雄蕊。香桃木属和松红梅属的花瓣显眼，可吸引传粉者。红千层属和白千层属的花瓣小，为绿色，花有醒目的雄蕊。桉属及其近缘属的花瓣（有时是萼片）合生为帽状物，脱落之后露出刷状的雄蕊。

Melaleuca cajuputi
澳洲白千层

花的纵剖

单朵花

蒴果

蒴果的横剖

Callistemon speciosus
美丽红千层

Eucalyptus globulus
蓝桉

在桉树的花中，花瓣和/或萼片合生为帽状物，脱落后露出众多白色雄蕊。

果实

果实为肉质浆果（如番石榴属和香桃木属）或干燥蒴果（如桉属和红千层属），一些蒴果仅在受火烘烤之后裂开。

叶

桃金娘科的叶最显著的特征之一是常有气味，叶表散布点状腺体。这个特征加上本科典型的对生叶序使得这群植物易于识别。叶为单叶，全缘，偶尔互生或轮生。叶柄可长、短或不存在；桉属的幼叶为圆形且无叶柄，而成叶狭长并有明显的叶柄。

园艺中的应用

桉树在北半球的景观中十分醒目，与本土植物形成鲜明对比，让人想到灰绿色的荒野树林。大多数耐寒的桉树生有普普通通的白花，但它们优雅的树形、下垂的叶和古怪的树皮能够远远弥补花的不足。桉树生长迅速，所以在挑选时要小心；王桉（*Eucalyptus regnans*）是世界上第二高的树种。在空间有限的地方，请把它们修剪到地面高度（平茬）或伐去高枝（截头），以控制其长势；这样做还有一个好处，就是可以刺激幼叶的生长。其他值得种植的桃金娘科植物还有凤榴（菲油果，*Acca sellowiana*）和红千层属，二者都有夺目的雄蕊；香桃木（*Myrtus communis*）有整洁的植株，可植为散发微香的绿篱。尖叶龙袍木（*Luma apiculata*）和莓香果（*Ugni molinae*）也非常出色；前者的红色树皮映衬着深绿的叶，后者的果实可食。

Acca sellowiana
凤榴（菲油果）

柳叶菜科 *Onagraceae*

柳叶菜科在 1836 年以月见草属（*Oenothera*）的学名异名 *Onagra* 命名，命名人是约翰·林德利（John Lindley）。现在世界上最大的园艺学图书馆——英国皇学园艺学会林德利图书馆就是以他的名字命名的。柳叶菜科拥有很多著名的园艺植物，如倒挂金钟属（*Fuchsia*）、月见草属和仙女扇属（*Clarkia*）。

规模

柳叶菜科有 22 属，656 种。大部分属为一年生和多年生草本植物，但倒挂金钟属为灌木，是个明显的例外。科中还有少数水生种，如浮叶丁香蓼（*Ludwigia natans*）。

Oenothera biennis
月见草

分布范围

柳叶菜科的分布基本遍及全球，在北美洲西部多样性最高。倒挂金钟属大部分种原产中南美洲的热带和亚热带地区。科中有一个耐寒的种叫南极寒金钟（*Fuchsia magellanica*），它一直分布到合恩角，在世界上的一些地方已经成为外来杂草植物。

起源

尽管柳叶菜科最古老的化石属于丁香蓼属（*Ludwigia*），但现代属中与本科祖先最接近的可能是倒挂金钟属。本科的祖先可追溯到 9,300 万年前。

花

无论是月见草属鲜黄色的杯状花朵，还是山桃草属（*Gaura*）晚夏开放的精致星状花朵，本科几乎所有种的花都为 4 数，有时为 5 数。只要拿一朵倒挂金钟属的花细瞧，就能注意到其子房为下位——位于花中其他部分的下方，并在传粉后膨大，发育为果实。花瓣（有时还有萼片）有非常鲜艳的色彩以吸引传粉者。传粉者常为鸟类，也有蜂类和蛾类。几乎为柳叶菜科的花传粉的所有动物都有独特的形态，比如蜂鸟可以悬停在倒挂金钟下垂的花朵前方，把长长的喙伸入花中吸取花蜜。

果实

果实有时为干燥的蒴果，倒挂金钟属则是小浆果。果实中含有许多微小的种子，种子要么靠动物散播（浆果），要么靠风散播。柳兰（*Chamaenerion angustifolium*）的种子轻盈而有蓬松的长毛，极易被风吹起，这让它在世界很多地方成为一种杂草。

Fuchsia magellanica
南极寒金钟

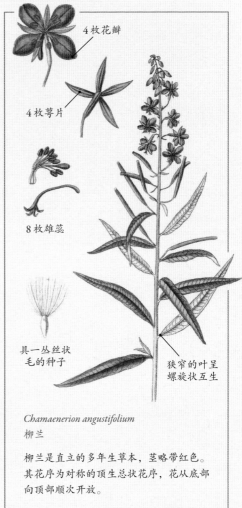

4枚花瓣

4枚萼片

8枚雄蕊

具一丛丝状毛的种子

狭窄的叶呈螺旋状互生

Chamaenerion angustifolium
柳兰

柳兰是直立的多年生草本，茎略带红色。其花序为对称的顶生总状花序，花从底部向顶部顺次开放。

叶

柳叶菜科的叶为单叶，形状为卵形至披针形，几乎没有例外。倒挂金钟属和柳叶菜属（*Epilobium*）的叶为对生，此外也有互生的情况（柳兰属〔*Chamaenerion*〕）。月见草属常形成基生的莲座状叶丛，其叶在地面高度上螺旋状排列。

无患子科 *Sapindaceae*

传统分类中，无患子科大部分是热带植物，其中最知名的种都是异域果树，比如咸鱼果、荔枝（*Litchi sinensis*）、龙眼、红毛丹等。如今，这个科已经扩大，槭属（*Acer*）和七叶树属（*Aesculus*）也被包括进来。科中有木本的乔木、灌木和藤本，也有多年生草本植物。

规模

按当前的分类，无患子科有大约 1,450 种，其中很多种都非常有用。

分布范围

无患子科几乎全世界可见，但极地地区除外。本科在干旱地区通常也不存在。

起源

与现代无患子科相关的叶化石已经定年为 9,300 万年前的白垩纪时期，但现代属直到始新世才出现。

花

无患子科的花极为多变，可以十分显眼（七叶树属）或较不显眼（槭属）。大多数花要么为雄性，要么为雌性，有时这两种性别的花生于不同的植株上；不过，兼有两性的花也很常见。花有 4 或 5 枚萼片、4 或 5 枚花瓣（有时不存在）、4～10 枚雄蕊，雄蕊花丝常有毛。萼片可像七叶树属那样合生为管状，也可像槭属那样离生。花心有一个明显的蜜腺盘，雄蕊常贴生其上。

Aesculus glabra
俄亥俄七叶树

单朵花

蒴果

种子

Koelreuteria paniculata
栾树

果实

果实有多种类型，其中最为人所知的可能是槭属具翅的翅果、七叶树属带刺的蒴果以及栾属（*Koelreuteria*）膨大的纸质蒴果。

叶

无患子科几乎所有种的叶都是复叶，其小叶排成羽状（金钱槭属〔*Dipteronia*〕和无患子属〔*Sapindus*〕）或掌状（七叶树属）。在少数情况下，叶可为二回羽状复叶，简化为三出复叶，或为掌状分裂（槭属），或全缘（车桑子属〔*Dodonaea*〕）。叶缘可具齿或全缘，叶柄基部通常有一定程度的膨大。

园艺中的应用

无患子科有很多有用的小乔木，如文冠果（*Xanthoceras sorbifolium*）、栾树（*Koelreuteria paniculata*）和多种槭树，包括常绿的克里特槭（*Acer sempervirens*）和落叶的血皮槭（*Acer griseum*）。这些树种可以作为城市花园的美丽园景树。日本槭类（包括鸡爪槭〔*Acer palmatum*〕、羽扇槭〔*Acer japonicum*〕和白泽槭〔*Acer shirasawanum*〕）的众多类型可以在已有树木的树荫之下生长良好。蛇皮槭类（青榨槭〔*Acer davidii*〕和条纹槭〔*Acer pensylvanicum*〕）可栽培以赏其条状树皮；一些种（如血皮槭类）可赏其层状剥落的树皮。较大的槭树以及七叶树更适合公园和庄园中的花园。气候较温暖的地区的园艺师在布景时可以选择的无患子科植物更为丰富，包括荔枝、垂枝假山罗（*Harpullia pendula*）、凤目栾（*Majidea zanguebarica*）和荆花栗（*Ungnadia speciosa*）。

Acer palmatum
鸡爪槭

芸香科 *Rutaceae*

　　一个科因为其中可食用的柑橘类水果而知名，却竟然用其中毒性最大的种——芸香（*Ruta graveolens*）来命名，这似乎挺奇怪。不过，芸香确是这一群植物的优秀代表，因为它的很多形态特征在整个芸香科中都可见到。

Citrus aurantium
酸橙

酸橙是柚和橘的杂种，其柑果（一种分瓣的果实）的形态也介于二者的果实之间。其精油用于调制香水，其果实是橘子酱的主要原料。

　　从古近纪开始之时（大约 6,600 万年前），芸香科化石就广泛出现在化石记录中；它们也已见于比之再早数百万年的白垩纪沉积层中。芸香科的早期演化可能发生在北美洲。

规模

　　芸香科有 150 属，大约 900 种，包括灌木、亚灌木、乔木和少数多年生草本。

分布范围

　　芸香科分布于全世界的热带和温带地区。虽然大部分种见于南半球，但是很多最有名的种似乎起源于亚洲。

起源

　　人们相信最早的柑橘类水果在大约 1,500 万年前演化出来，为小而可食的浆果。大约 800 万年后，与柑橘类近缘的金柑属（*Fortunella*）和枳属（*Poncirus*）开始走上独立的演化道路。

花

　　整齐、辐射对称、靠昆虫传粉、具 4 或 5 枚重叠的花瓣是芸香科花的常态。有的花有浓郁的香气。花有白、黄、绿和深红等色。苦笛香属（*Angostura*）植物的花不整齐。

果实

　　果实有多种类型，既有芸香属（*Ruta*）的蓇葖果，又有茵芋属（*Skimmia*）的核果。柑橘类植物的果实实际上是柑果，这是一种特别的浆果，有革质的厚皮，皮中有分泌芳香油的腺体。柑果果实内部分瓣，每一瓣都充满膨大多汁的细胞和许多种子。

Ruta graveolens
芸香

芸香是灌木状的矮小多年生植物，其蕨状的蓝绿色叶簇成一团，植株高不超过 1 米。花黄色，早夏开放。叶有毒，可导致皮肤起疱。

子房

子房的横剖

未成熟的蒴果

未成熟蒴果的纵剖

单朵花，示雄蕊

合生为单一雌蕊的心皮

雄蕊和种子

种子的剖面

叶

作为整个芸香科的优秀代表的芸香属具有气味浓烈的羽状或三出复叶，以及由整齐（辐射对称）花组成的花序。柑橘属（*Citrus*）、枳属和黄檗属（*Phellodendron*）的乔木则明显偏离了这种常规形态，其中一些种不具复叶，而只生有单叶。芳香的叶是芸香科最独有的特征。叶上布满油腺，油腺虽然很小，但能看出是一些半透明的黑点。白鲜（*Dictamnus albus*）可以分泌大量气味香辛的挥发油，以至其植株在非常炎热的天气中很容易失火。

园艺中的应用

芸香科是所有柑橘类水果所在的家族。从柠檬到橙子，从橘子到温州蜜柑，从酸橙到葡萄柚，它们都可以为任何一个亚热带或热带花园锦上添花。芸香科中还有一些有园艺价值的种适于温带气候，如墨西哥橘（*Choisya ternata*）和橙香茵芋（*Skimmia × confusa*）。

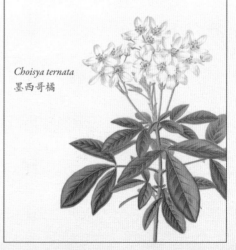
Choisya ternata
墨西哥橘

锦葵科 *Malvaceae*

　　虽然锦葵科最为人熟知的植物可能是花园中的多年生草本——如蜀葵属（*Alcea*），以及花葵属（*Lavatera*）和木槿属（*Hibiscus*）等灌木，但它现在范围扩大，也包括吉贝属（*Ceiba*）和猴面包树属（*Adansonia*）等热带大乔木。此外，锦葵科还有一些重要的食用作物（可可〔*Theobroma cacao*〕、秋葵和可乐果〔*Cola acuminata*〕）和纤维作物（棉花和黄麻）。

规模

　　传统意义上的锦葵科包括大约 1,000 种，但近来基于 DNA 的研究已经让它合并了木棉科（*Bombacaceae*）、梧桐科（*Sterculiaceae*）和椴科（*Tiliaceae*）。因此，它现在包括大约 5,000 种，其中有一些知名的园林乔木（椴属〔*Tilia*〕）、灌木（苘麻属〔*Abutilon*〕和绵绒树属〔*Fremontodendron*〕）和多年生草本

Adansonia digitata
猴面包树

Althaea officinalis
药葵

（楯葵属〔*Sidalcea*〕、药葵属〔*Althaea*〕和锦葵属〔*Malva*〕）。

分布范围

　　锦葵科遍布全世界，但不见于极地地区，其最大的多样性见于热带。生于温带的种更常为灌木或多年生草本，但也有一些例外，如椴属就是乔木。

起源

　　曾有可追溯到大约 6,800 万年前的晚白垩纪的化石，被鉴定为属于过去的木棉科。

花

　　锦葵科的花常较大，甚至到了俗艳的程度，可以为花园增添亮色。每朵花均为辐射对称，具 5 枚萼片和 5 枚花瓣（稀不存在），有时在萼片外侧还另有 1 轮萼片状的苞片（副萼）。花瓣通常颜色鲜艳，但花的吸引人之处还在于排列得非常精巧的雄蕊——雄蕊常为多数，花丝合生为管状，围绕外伸的花柱和柱头。虽然这种排列方式很常见，但并非整个科都如此；椴属的花丝就仅有部分合生，或完全不合生。

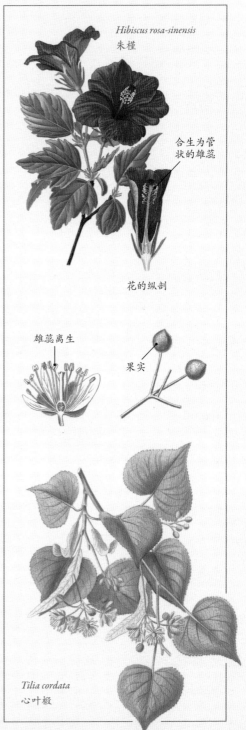

Hibiscus rosa-sinensis
朱槿

合生为管状的雄蕊

花的纵剖

雄蕊离生

果实

Tilia cordata
心叶椴

Lavatera phoenicea
紫红花葵

园艺中的应用

　　锦葵科许多种的分布限于热带，因此，与这个科的庞大规模相比，只有相对较少的种可供温带的园艺师应用。在较大的花园中，椴树可成为很好的园景树；毛糯米椴（*Tilia henryana*）有独特的具锯齿的叶和红色的新芽，看上去尤为悦目。想让花园呈现热带风情，就可以栽种一株梧桐（*Firmiana simplex*）；如果空间较为局促，也可以选择桑特棒苘麻（*Abutilon × suntense*）、红萼苘麻（*Abutilon megapotamicum*）和绵绒树属——它们是蔓墙灌木，可以营造出强烈的异域风情。在气候较冷的地区，坚韧的木槿（*Hibiscus syriacus*）花可大量开放，而耐寒的芙蓉葵（*Hibiscus moscheutos*）品种会绽放出餐盘般大小的花——这会让你的朋友震惊不已。

Hibiscus syriacus
木槿

雄蕊管

绿色的副萼

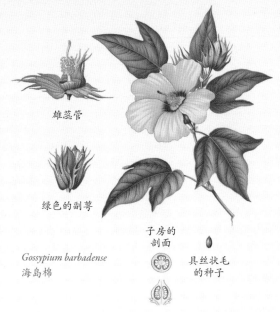

子房的剖面

Gossypium barbadense
海岛棉

具丝状毛的种子

果实

　　在锦葵科中可见几种不同的果实，其中大部分为干果。肉果很少见，见于悬铃花属（*Malvaviscus*）等植物。果实最常为蒴果和分果。蒴果开裂后会散出种子，如棉属（*Gossypium*）和木槿属；分果在成熟时分裂为几个部分，每部分含有几粒种子，如苘麻属和锦葵属。椴属等其他一些属有坚果状的果实，果实从树上落下时其上附着有起"降落伞"作用的苞片。锦葵科很多植物的果实含有丰富的丝状毛以帮助种子散播。棉属和吉贝属的丝毛有商业价值。

Ceiba pentandra
吉贝

当吉贝巨大的蒴果裂开时，其种子会靠风传播，丝状毛相当于它们的翅膀。

叶

对锦葵科的叶来说，可能最容易找到的明显特征是其叶脉的形态——脉序几乎总是掌状排列（如同一只手的手指）。叶可全缘、具齿、具裂片或分割为小叶（此时为复叶），小叶几乎也总是排列成掌状。如叶片具齿，则每条叶脉都终于一枚齿中。

叶在茎上互生；托叶常存在，不过在幼枝上更容易见到。很多锦葵科植物的茎叶上有毛；这些毛通常呈星状，当凑近观察时可见其形如微小的星星。

Theobroma cacao
可可

Cola acuminata
可乐果

可乐果的种子有苦味，在西非部分地区用于仪式。可乐果种子富含咖啡因等兴奋剂，是可乐软饮料原始配方中的一种配料。

烹饪调料

锦葵科有几个草本种以"葵"为名，其中的药葵（*Althaea officinalis*，英文名为"marsh mallow"）作为食品添加剂有悠久的历史。药葵原产欧洲、北非和中东。在中东，人们最早用它的汁液为一种叫"哈尔瓦"的甜食调味。法国人把这种甜点改进为今天的形式——棉花糖（英文名为"marshmallow"），但现代的棉花糖已经失去了它最初的风味。其他美味的锦葵科植物还有玫瑰茄（*Hibiscus sabdariffa*）和可乐果类（可乐果及其他种）。玫瑰茄的花可为玫瑰茄茶调味，而可乐果为最早的可口可乐软饮料提供了咖啡因。当然，最能让锦葵科名声大噪的还是可可，这种热带乔木有鲜艳的果荚，其中包含的种子就是可可豆。

半日花科 *Cistaceae*

半日花科植物是中等大小的灌木，有美丽的花，适应开放的岩石环境。在英文中，半日花科植物统称"rock rose"（岩蔷薇），这对本科来说是一个再好不过的名字。科中的3个属——岩蔷薇属（*Cistus*）、海蔷薇属（*Halimium*）和半日花属（*Helianthemum*）——是常见的小花园灌木，在早夏可短暂地开出非常绚丽的花，因而备受珍爱。

规模

半日花科是个相对较小的科，为茎纤细的灌木和亚灌木，有美丽的花，大多数种适合生长于干旱而阳光充足的生境。全科有大约170种，仅分成9个属。松露花属（*Tuberaria*）和帚石玫属（*Lechea*）形态独特，不是灌木，而是草本的多年生或一年生植物。

Helianthemum vulgare
习见半日花

分布范围

除了北美洲的3个属（霜石玫属〔*Crocanthemum*〕、帚石玫属和金石玫属〔*Hudsonia*〕）之外，半日花科的分布以地中海盆地为中心，延伸到亚洲和欧洲北部。岩蔷薇属、半日花属和海蔷薇属见于地中海地区的灌木群落、草原和开放的岩质地点；尽管它们适应了这一地区贫瘠干旱的碱性土壤，但也能较好地适应花园栽培，甚至在冷凉气候中也表现不错。

Halimium × halimifolium
斑花海蔷薇

起源

　　和超蔷薇类分支的所有科一样，半日花科的化石证据表明其祖先可追溯至晚白垩纪（大约 7,000 万年前），并在新生代期间（6,600 万年前至今）经历了晚期演化。本科的一些属种可能在很晚近的时候才演化出来，这可以解释为什么其中一些种很容易发生属内杂交（特别是岩蔷薇属的种）和属间杂交（形成小岩蔷薇属〔×*Halimiocistus*〕）。

花

　　在半日花科的主要属中，花大而绚丽，开放时间短。花整齐，辐射对称，兼有两性花部，单生或组成聚伞花序。帚石玫属的花微小，在英文中也叫"pinweed"（针头草）。

　　花有 5 枚萼片和 5 枚花瓣（帚石玫属只有 3 枚），它们彼此重叠，在芽中常呈皱缩状。雄蕊多数。花形在表面上类似罂粟。大多数种的花为黄色，有时在中央有斑块。岩蔷薇属的花为白色或粉红色，半日花属的花为白、黄、粉红、红或橙色。

Cistus × purpureus
紫花岩蔷薇

心皮

萼片（内侧 3 枚较大，外侧 2 枚较小）

成熟的蒴果

Helianthemum nummularium
黄半日花

叶

　　叶对生，相当小，为单叶。胶石玫（*Cistus ladanifer*）的叶有强烈的气味。

种子

　　许多半日花科植物偏好炎热的地中海气候，而任何生长在这种气候中的植物都得能应对这种环境。就半日花科而言，蒴果在阳光下干燥后，会散出大量微小而有硬皮的种子。这些种子可在土壤中蛰伏多年，只在一场大火席卷地面之后萌发；大火会让种皮爆开，使种子最终能在降雨之后萌发。这样一来，被大火夷为平地的地方很快就能恢复生机。

十字花科 *Brassicaceae*

　　虽然十字花科植物的株形和大小都十分多样，但有一个几乎恒定不变的特征使得它们都易于识别——花具 4 枚排成十字形的花瓣。这正是这个科得名"十字花科"的原因，也是本科另一个学名 *Cruciferae* 的意思。本科的叶常有特征性的芥末气味。

规模

　　十字花科是个大科，有大约 3,400 种，分属 321 属，其中大部分植物是高矮不一的一年生或多年生草本。也有少数例外种类为亚灌木（如庭荠属〔*Alyssum*〕和屈曲花属〔*Iberis*〕）或较高的灌木（如南非的灰喜光芥〔*Heliophila glauca*〕）。

Brassica rapa
芜菁

分布范围

　　十字花科植物生于全世界大部分地区，但大多数属见于地中海盆地周边、西南亚和中亚。本科在南半球只有少数代表，在热带几乎没有分布。最为孤立的属肯定是寒甘蓝属（*Pringlea*），该属只有 1 种，见于南印度洋中的凯尔盖朗群岛。

　　甘蓝类的栽培品种作为蔬菜在世界各地均有种植。与许多其他作物不同，甘蓝类蔬菜有很多有趣的地方变异。例如，传统上抱子甘蓝常被视为一种英国作物，黑羽衣甘蓝被视为意大利作物，而大白菜被视为一种亚洲蔬菜。

Iberis umbellata
伞形屈曲花

伞形屈曲花因其紧密的伞形花簇而颇受重视。花小，有 4 枚花瓣，由蜂类和蝶类传粉。

起源

　　距今 6,600 万年前，在白垩纪—古近纪生物大灭绝之后，十字花科开始繁盛和分化。大约 8,000 年前，人类在西欧滨海地区最先栽培野甘蓝（*Brassica oleracea*）。羽衣甘蓝、花椰菜、抱子甘蓝和擘蓝都由这种植物培育而成。

花

　　花通常组成总状花序或伞房花序。在整个十字花科中，单朵花的基本结构相当固定：4 枚萼片、4 枚排成十字形的离生花瓣、6 枚雄蕊（4 长 2 短）。当然，也会有一些例外，比如屈曲花属就有 2 枚花瓣较长。

Capsella bursa-pastoris
荠

心形的果实

种子

园艺中的应用

　　十字花科包含很多作物，如羽衣甘蓝、西蓝花和芜菁甘蓝等，因此为蔬菜园艺师所熟悉。本科的观赏植物有银扇草属（*Lunaria*）、糖芥属（*Erysimum*）、紫罗兰属（*Matthiola*）和香雪球属（*Lobularia*）。

Lunaria annua
银扇草

成熟的种子

果实

　　十字花科的果实都沿两个果爿相连的缝线裂成两半。除此之外，果实的形状有巨大的变异，植物学家将这些变异用作区分科中不同的种的方法之一。如果果实的长度在宽度的 3 倍以上，则称之为长角果；如果果实没这么长，则称之为短角果。果实具有不同的形状：银扇草（*Lunaria annua*）的短角果圆而扁平，干后成为纸质的"圆月"；荠（*Capsella bursa-pastoris*）的短角果呈心形；碎米荠属（*Cardamine*）则具长角果。

苋科 *Amaranthaceae*

苋科是生长迅速的草本植物。花微小，大量团集为紧密的花序；花序常艳丽，园艺植物鸡冠花（*Celosia argentea*）和尾穗苋（*Amaranthus caudatus*）即是如此。红色和黄色的甜菜碱色素是苋科独有的特征，紫菜头、厚皮菜的叶脉和苋类的花就含有这些色素。

规模

苋科有包括甜菜（*Beta vulgaris*）、藜麦和菠菜在内的大约 2,000 种，分属 175 属。如今，根据新的分类学观点，以前归入藜科（*Chenopodiaceae*）的种也包括在苋科之内。

分布范围

苋科见于全世界，其主要的多样性中心在非洲和美洲的热带地区。不过，那些以前归为藜科的种集中分布在干旱的暖温带地区，特别是盐渍土上。

起源

整个石竹目（*Caryophyllales*，苋科归于此目）的化石记录都很稀少。人们认为，可能在 1 亿年前的白垩纪期间，石竹目就已经在最原始的被子植物中出现了。苋科是石竹目的最大科，几乎可以肯定是在很晚近的时候才演化出来的。

在苋科的演化历程中，在 2,400 万～600 万年前的某个时刻，本科的光合作用途径发生了一次变化，这种变化可见于本科的大约 800 个种中。这些名为"C4植物"的种在进行光合作用时对水分有更高的利用率，使得它们得以占据更干旱的生境。

Salicornia europaea
盐角草

Celosia argentea
鸡冠花

Amaranthus caudatus
尾穗苋

因为无花瓣的花微小，呈血红
色，组成长达 50 厘米的密穗，所
以本种英文名叫"love-lies-bleeding"
（爱正在滴血）。一些栽培品种
有不同的花色。

花序局部

雄花

雌花

果实和种子

花

　　苋科的花通常组成醒目的穗形花序，花
序由小或微小而不显眼的两性花组成。这样
一簇花可具华丽的形貌而有观赏性。花被片
通常为干膜质，无色。花有时具苞片、刺、
翅或毛。

叶

　　叶大多为单叶，在茎上互生，叶形和质
地可有很大变化；一些种的叶对生。就大小
来说，苋科既有盐角草（*Salicornia europaea*）
那样的微小的鳞片状叶，又有皱果苋
（*Amaranthus viridis*）那样的大且可食用的叶。

园艺中的应用

　　糖萝卜无疑是苋科中用处最大的农
作物，它由甜菜这个种培育而来。甜菜
其他的栽培品种还有紫菜头、饲用甜菜
和厚皮菜。在哥伦布时代之前的南美
洲，藜麦和苋类是当地重要的主粮。

　　苋科知名的观赏种包括鸡冠花、尾
穗苋、莲子草属（*Alternanthera*）和血苋
属（*Iresine*）。它们都是非常艳丽的植物，
但对霜冻敏感；因此，在较冷凉的温带
花园中，其应用仅限于夏季花坛或室内
展示。

Beta vulgaris
糖萝卜

茎

　　虽然苋科的茎通常为草质，但科中也有
一些小灌木，比如北美洲的刺壤藜（*Grayia
spinosa*）。少数种的茎高度肉质化，有时更
是肥厚多汁，如盐角草属（*Salicornia*）中
所见。

仙人掌科 *Cactaceae*

仙人掌科是家喻户晓又广受欢迎的植物家族，有乔木、灌木和草本植物，茎为肉质，常有令人生畏的刺。大戟科、夹竹桃科（*Apocynaceae*）以至天门冬科的其他有刺的多肉植物常被误称为"仙人掌"，这种相似性源于植物对类似生境的适应。

规模

仙人掌科在植物爱好者的圈子里极受欢迎，全科 1,210 个种几乎都已经在世界上某个地方有栽培。

分布范围

在自然环境中，仙人掌科的分布几乎完全限于南北美洲，北起加拿大，南至巴塔哥尼亚。丝苇属（*Rhipsalis*）的一个种——丝苇（*Rhipsalis baccifera*）也见于非洲大陆热带地区、马达加斯加和斯里兰卡，而仙人掌属（*Opuntia*）的一些种已经入侵到澳大利亚和其他地方，成为那里的杂草。

Hatiora salicornioides
猿恋苇

Parodia ottonis
青王球

起源

植物体柔软的多肉植物很可能是最不容易形成化石的植物，不过，人们还是发现了一份化石，并认为它是始新世（5,300 万～4,800 万年前）的一种仙人掌属植物。考虑到这个科有限的分布范围，仙人掌科看来可能在白垩纪期间南美洲与非洲分离之后才在南美洲演化出来。

花

仙人掌科的花通常单生，从小窠生出，外面可覆有刺或毛。花为辐射对称（仙人指属〔*Schlumbergera*〕的花为两侧对称），具有大量基本相似的萼片和花瓣。仙人掌科的花有多种艳丽得夸张的颜色，但夜间开花的种通常具白色花。雄蕊多数。

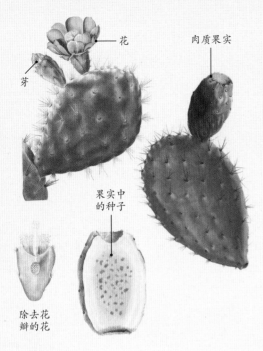

花

芽

肉质果实

果实中
的种子

除去花
瓣的花

Nopalea cochenillifera
胭脂掌

这种形态类似仙人掌的仙人掌科植物是寄生性的
胭脂虫的寄主之一。胭脂虫可用于提取名为"胭脂红"的深红色染料。

果实

果实为肉质浆果，稀为干果，里面生有大量小而黑的种子。一些种的果皮有刺、毛或苞片。

叶

大多数仙人掌科植物无叶，但也有例外。木麒麟属（*Pereskia*）为木质化的灌木，叶为单叶，互生；人们认为它们是最原始的仙人掌科植物。仙人掌属一些种在新茎上有小的叶，但它们很快会凋落。代替叶履行光合作用职责的是肉质茎，它可为圆柱形、球

园艺中的应用

大多数园艺师会不假思索地认为仙人掌科植物不适合在温带花园中栽培，但一些荒漠种对寒冷气温有极高的耐受力，只要在冬季别让它们太潮湿就行。很多仙人掌属和圆柱掌属（*Cylindropuntia*）植物极为耐寒，可以在阳光充足的花境中植作外形凶猛的灌木；卧麒麟（*Maihuenia poeppigii*）在岩石花园或花槽中表现完美。夏季时，请在花园中的树上悬挂仙人指属和猿恋苇属（*Hatiora*）之类的植物，这样可以诱使它们在秋季被移入室内后大量开花。

Pereskia bleo
蔷薇海麒麟

形、扁平状或垫状，并常有棱，棱让茎可以充水膨胀。茎表面覆有毛被的短粗茎，叫"小窠"，它们常沿棱分布。小窠生有刺（变态的叶）、花以及在仙人掌属植物茎上可以见到的有刺激性的毛（钩毛）。仙人掌科植物的刺可粗大、有棱、带钩或细脆，还有一些种完全无刺。

Cylindropuntia imbricata
锁链圆柱掌

石竹科 *Caryophyllaceae*

香石竹（康乃馨，*Dianthus caryophyllus*）和石竹是享誉世界的花卉，它们有白色、粉红色或红色的花，花瓣顶端为流苏状或深裂。尽管石竹科有一些种呈灌木状（比如刺石竹属〔*Acanthophyllum*〕），还有一些种具肉质茎（比如冰漆姑属〔*Honckenya*〕），但这个科最为人熟知的还是其草本成员。

规模

石竹科是个相对较大的科，有 85 属，2,630 种。它们主要是一年生或多年生草本植物，株形较小，冬季地上部分枯死。根据花的形态结构，本科可分为三个亚科。前两个亚科较为知名，彼此易于区分，也易于识别：繁缕亚科（*Alsinoideae*）的种的萼片彼此离生（无心菜属〔*Arenaria*〕、繁缕属

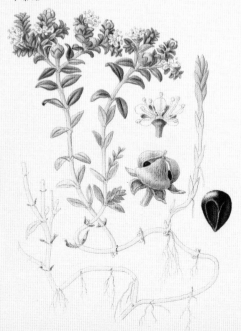

Honckenya peploides
冰漆姑

Acanthophyllum spinosum
白枝刺石竹

〔*Stellaria*〕、卷耳属〔*Cerastium*〕、漆姑草属〔*Sagina*〕）；石竹亚科（*Silenoideae*）的种的萼片合生，常形成管状或囊状（蝇子草属〔*Silene*〕、石竹属〔*Dianthus*〕、石头花属〔*Gypsophila*〕、麦仙翁属〔*Agrostemma*〕、剪秋罗属〔*Lychnis*〕）。石竹亚科中的很多种易于杂交，人们在石竹属资源的开发中，充分利用这一特点培育出了数以千计的具有绚丽花朵的栽培品种。

尽管第三个亚科——指甲草亚科（*Paronychioideae*）不包含任何在园艺上值得关注的属，但其中还是有一些属比较有名，如大爪草属（*Spergula*）、牛漆姑属（*Spergularia*）和多荚草属（*Polycarpon*）。这个亚科也比前两个亚科更为多样。

Agrostemma githago
麦仙翁

分布范围

　　石竹科的种可见于世界上所有温带地区，在热带的山顶上也有分布。一些杂草种——如繁缕（*Stellaria media*）和卷耳属，可野生，在花园中几乎普遍存在。麦仙翁（*Agrostemma githago*）曾经是谷田中的常见杂草，但现代农业几乎已经将其从农田中除灭。

　　石竹科的分布中心是地中海及邻近的欧洲和亚洲部分地区，在这一带可以见到该科所有较大的属，比如蝇子草属、石竹属和无心菜属。北美洲有大约 20 个属，南半球

则只有几个属。值得一提的是南极漆姑（*Colobanthus quitensis*），它是仅有的 2 种原产南极洲的被子植物之一——另一种是禾本科的南极发草（*Deschampsia antarctica*）。

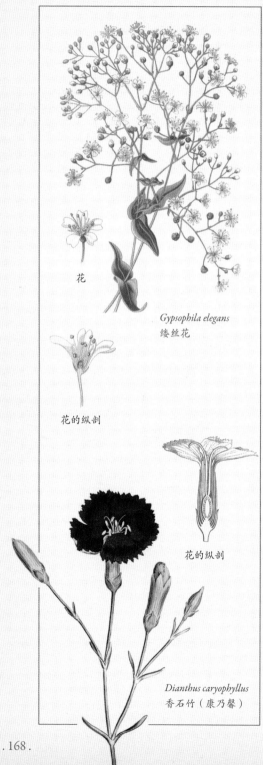

花

花的纵剖

Gypsophila elegans
缕丝花

花的纵剖

Dianthus caryophyllus
香石竹（康乃馨）

起源

尽管石竹科在晚近的植物发展史中很成功，但化石记录中却几乎没有它们演化的踪迹。植物学家认为石竹科与苋科非常近缘，因此它们拥有共同的祖先。这两个科可能在大约 5,000 万～4,000 万年前的始新世期间分化出来。

花

石竹科的花非常易于识别，经常无需细察形态就可鉴定出来。花或者单生，或者组成分枝的聚伞花序。一些种的花序只生有少数几朵花，如剪秋罗属；另一些种的花序有极多的花，如石头花属。

花为辐射对称，具 4 或 5 枚花瓣及与花瓣同数的萼片。萼片常显眼，可全部离生或

心皮、雄蕊和花瓣

Lychnis flos-cuculi
杜鹃剪秋罗

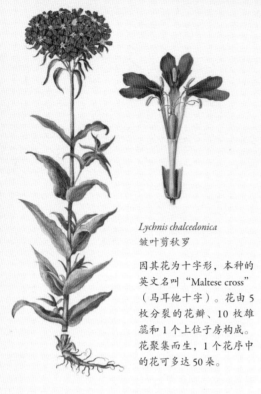

Lychnis chalcedonica
皱叶剪秋罗

因其花为十字形，本种的英文名叫 "Maltese cross"（马耳他十字）。花由 5 枚分裂的花瓣、10 枚雄蕊和 1 个上位子房构成。花聚集而生，1 个花序中的花可多达 50 朵。

合生为一体，有时形成管状（石竹属），有时膨大成囊状（广布蝇子草〔*Silene vulgaris*〕）。

石竹科有多种花色：圆锥石头花（*Gypsophila paniculata*）的花为白色；香石竹的花为粉红色；皱叶剪秋罗（*Lychnis chalcedonica*）的花为红色；毛剪秋罗（*Lychnis coronaria*）的花几乎为紫红色。石竹科的花没有蓝色色素。有时也可见到黄色的花，比如黄花石竹（*Dianthus knappii*）。植物育种者常将这些多样的花色混合起来，为种花人培育出令人惊艳的花朵。

石竹科花瓣的顶端常呈流苏状，有凹缺，或有深裂或浅裂。有些种的花瓣裂得极深，看上去就像有 2 倍数目的花瓣（如繁缕）。这个形态有时非常引人注目，比如杜鹃剪秋罗（*Lychnis flos-cuculi*）中所见。还有

少数种的花瓣不存在。

花中通常有 10 枚雄蕊，它们排成 1 或 2 轮；有时雄蕊与花瓣同数，或更少，如繁缕的花中所见。传粉之后，成熟的果实为干燥的蒴果，具多数种子，在顶端裂为数爿。

叶

叶均为单叶并全缘，几乎总是在茎上对生。叶与茎相连处的茎节膨大，每个节上的一对叶在基部常彼此相接，形成合生（或抱茎）的叶基。

卷耳属的叶小，常生有许多微小的、摸上去如毛毡的毛，因此这些植物在英文中叫 "mouse-ear"（老鼠耳）。

Stellaria media　　　　　*Silene vulgaris*
繁缕　　　　　　　　　　广布蝇子草

茅膏菜科 *Droseraceae*

对很多园艺师来说，对植物的疯狂迷恋始于孩提时代别人作为礼物赠送的捕蝇草（*Dionaea muscipula*）。不过，对茅膏菜科这个充满死亡气息的食肉植物科产生兴趣的人可不限于孩童。科中除了捕蝇草属（*Dionaea*），还有茅膏菜属（*Drosera*）和貉藻属（*Aldrovanda*）。

规模

茅膏菜科共有 105 种，几乎都归于茅膏菜属。该属特征是叶有黏液，捕到虫后会卷起来。只有 2 个种不属于茅膏菜属，即捕蝇草和水生植物貉藻（*Aldrovanda vesiculosa*）。这二者都有捕虫器，可以把毫无戒备的猎物迅速关于其中。

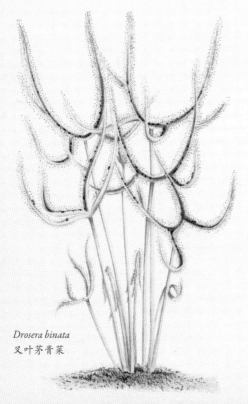

Drosera binata
叉叶茅膏菜

园艺中的应用

食肉植物是很不错的宅院植物，有助于控制蚊子和其他叮人的昆虫的数量。虽然大多数茅膏菜属植物以及捕蝇草常被养在窗台上，但是最好把它们放于室外，因为在那里它们可以获取所渴求的充足阳光。请把这些来自沼泽的植物种在底部没有洞的容器里，以 50:50 的比例混合泥炭和沙子作为基质。什么肥料都别用。请保持土壤湿润，但要确保水位始终低于茎基。冬季请把花盆移到有遮挡的地方或车库中。

分布范围

除南极洲外，茅膏菜属见于各大洲，在澳大拉西亚地区尤为多样。它们通常生于泥炭沼泽和湿地，比如捕蝇草属就是如此，其分布限于美国的南卡罗来纳州和北卡罗来纳州。貉藻这种水生植物则分布于欧洲至澳大利亚。

起源

已经有追溯到 4,800 万～3,400 万年前的始新世的花粉化石被鉴定为属于茅膏菜科。

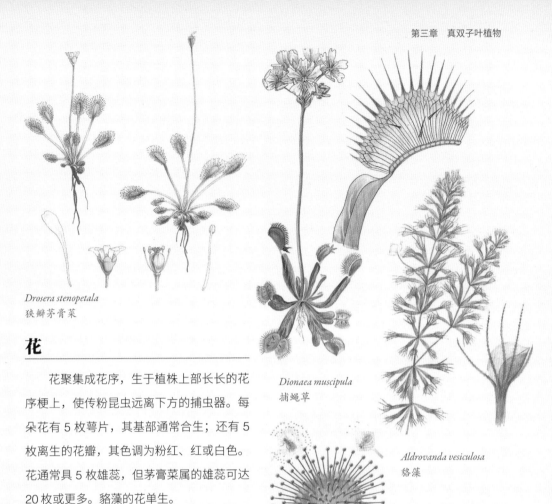

Drosera stenopetala
狭瓣茅膏菜

Dionaea muscipula
捕蝇草

Aldrovanda vesiculosa
貉藻

Drosera rotundifolia
圆叶茅膏菜

花

　　花聚集成花序，生于植株上部长长的花序梗上，使传粉昆虫远离下方的捕虫器。每朵花有 5 枚萼片，其基部通常合生；还有 5 枚离生的花瓣，其色调为粉红、红或白色。花通常具 5 枚雄蕊，但茅膏菜属的雄蕊可达 20 枚或更多。貉藻的花单生。

叶

　　茅膏菜属的叶有黏毛，通常排列成莲座状叶丛，或者平铺于地面或者直立。叶可为单叶或有分枝，新叶像蕨叶一样展开。大多数种是草本植物，有些种有块茎；也有少数种是直立灌木，比如 2012 年才在巴西发现的壮丽茅膏菜（Drosera magnifica）。捕蝇草的叶为匙形，顶部具流苏状睫毛，内面红色，生有触发毛，可让捕虫器猛然关闭。貉藻属是浮水植物，无根；其叶为轮生，呈丝状，顶端有小捕虫器。

捕食性的植物

　　一些植物之所以会演化出食肉性，很可能是因为它们生长在贫瘠的土壤中，而食肉可以补足它们的养分供应。氮是尤为紧俏的养分，而动物富含蛋白质的躯体是氮的丰富来源。捕蝇草用含糖的诱饵吸引昆虫，只有在表面的毛被刺激 2 次之后才合拢捕虫器。捕虫器一旦合拢，就会密闭，然后消化性的酶便开始分解昆虫的身体。

蓼科 *Polygonaceae*

只要你知道要找什么特征，蓼科就是一个很容易识别的科。这些关键特征包括沿茎分布的膨大的茎节（作为蓼科学名由来的萹蓄属学名 *Polygonum* 意为"许多膝盖"）、排成穗形花序的小花以及三角形的种子。园艺师很容易认出这个科中的常见成员，如大黄、酸模（*Rumex acetosa*）和恶性杂草虎杖。

规模

蓼科共有 46 属，大约 1,200 种。本科大多数种是多年生草本植物，也有一些乔木、灌木和藤本。本科不包括英文名为"giant rhubarb"（巨型大黄）的长萼大叶草（*Gunnera manicata*），它属于大叶草科（*Gunneraceae*）。

萹蓄属曾经是蓼科最大的属，但现在它的很多种已经被重新分到其他属，这些种包括中亚木藤蓼（*Fallopia baldschuanica*），以及蓼属（*Persicaria*）和荞麦属（*Fagopyrum*）的植物。萹蓄属和黄精属（*Polygonatum*）常被混淆，但黄精属归于一个完全不同的科——天门冬科。

分布范围

蓼科是主要分布于北半球的科，构成它的属可以大致分成三个气候类群：热带和亚热带群，荒漠和半荒漠群，以及温带地区群。珊瑚藤（*Antigonon leptopus*）和千叶兰（*Muehlenbeckia complexa*）是热带和亚热带群中的两种著名植物。簇叶西苞蓼（*Eriogonum fasciculatum*）是荒漠和半荒漠群的例子。属于温带地区群的植物有大黄属（*Rheum*）、酸模属（*Rumex*）和荞麦属。

起源

人们根据花粉化石估计，蓼科已有大约 6,000 万年历史。千叶兰属（*Muehlenbeckia*）非同寻常地分布于南半球，这表明蓼科在冈瓦纳古陆解体前就已演化出来。

花

蓼科通常具有穗形花序，它由大量浅绿色、白色或浅粉红色的小花构成。单朵花为辐射对称，通常兼有雌雄蕊。花无真正的花瓣，但有 3～6 枚萼片；少数种的萼片相对较大且有鲜艳的色彩。

Fallopia baldschuanica
中亚木藤蓼

果实

　　传粉之后，萼片可增大，变为膜质包围果实。这些增大的萼片常在果实上宿存，有时甚至比花还吸引眼球。果实本身是形态独特的三角形坚果，为褐色或黑色，棱角上可有翅。

叶

　　叶互生，为单叶，基部常为心形。叶形变化很大：大黄属的叶片大而圆，手感粗糙；酸模属和蓼属的叶片则为较狭的披针形至卵圆形。本科的特征之一是"托叶鞘"，它是围绕叶柄与茎相结合的部位的膜质鞘状结构。

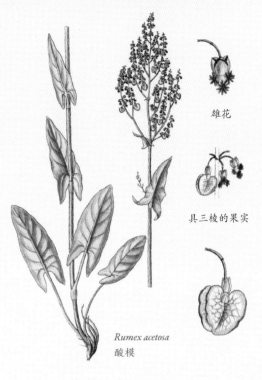

雄花

具三棱的果实

Rumex acetosa
酸模

Fallopia japonica
虎杖

花

花的剖面

园艺中的应用

　　蓼科有很多栽培种，既有喜湿的掌叶大黄（*Rheum palmatum*），又有受欢迎的花境多年生植物抱茎蓼（*Persicaria amplexicaulis*）和健壮的藤本植物中亚木藤蓼。可食用的种有酸模和食用大黄（*Rheum × hybridum*）。

Rheum × hybridum
食用大黄

山茱萸科 *Cornaceae*

山茱萸科的乔木和灌木中有几个在园艺中很重要的属，特别是山茱萸属（*Cornus*）、珙桐属（*Davidia*）和蓝果树属（*Nyssa*）。不过，一些科学家把后两个属归于一个独立的科——蓝果树科（*Nyssaceae*）中。

规模

山茱萸科有 80 种，其中约一半属于山茱萸属。这个属的形态极为多变，既有大乔木（灯台树〔*Cornus controversa*〕），又有地被植物（草茱萸〔*Cornus canadensis*〕）。狗木（*Cornus florida*）等一些种有艳丽的花苞片，日本四照花（*Cornus kousa*）等一些种则以醒目的果实知名。柔枝红瑞木（*Cornus sericea*）和欧洲红瑞木（*Cornus sanguinea*）则有颜色鲜艳的冬季茎条。

Alangium chinense
八角枫

分布范围

山茱萸科分布广泛，在除南极洲外的各大洲都生有一些种。

起源

山茱萸科的化石证据可追溯到白垩纪（8,400 万～7,200 万年前）。这个科的种子化石数量很多，说明它在历史上有广泛的分布。

花

花可为雄性、雌性或两性，在茎顶簇生成花序。珙桐属和山茱萸属一些种的花序被白色叶状的苞片包围，但山茱萸属这些种的苞片也可为粉红色或红色。萼片常呈齿状或不存在；花瓣小，离生。山茱萸科通常有 4 枚萼片和 4 枚花瓣，蓝果树科则各有 5 枚。

Nyssa aquatica
沼生蓝果树

果实

　　果实为肉质，有的颜色鲜艳，里面有 1 枚外皮坚硬的种子。日本四照花等山茱萸属一些种的几枚果实合生，形成外貌怪异、多疣突的聚花果。珙桐属坚硬的坚果初为绿色，成熟后变为紫色。

叶

　　叶可无托叶，为常绿性或脱落性，一般对生，较少为互生。蓝果树属及山茱萸属一些种有悦目的秋季叶色，山茱萸属几个种已经选育出花叶品种。山茱萸科的叶通常为单叶，全缘，但珙桐属的叶有齿，八角枫属（*Alangium*）一些种的叶有裂片。山茱萸属的叶很容易通过撕成两半来识别——两半叶仍会在叶脉处由细丝连在一起。

园艺中的应用

　　珙桐（*Davidia involucrata*）的成年植株有手帕般下垂的花序，是引人注目的风景，但它只适合较大的花园。同样，如果空间足够的话，蓝果树（*Nyssa sinensis*）猩红色的秋叶和灯台树层状排列的枝条也很有吸引力。日本四照花之类较小的山茱萸属常绿树更为雅致，夏季它们满树的繁花和光亮的深色叶丛相互映衬，花之后会发育成鲜艳的果实。冬季开花的欧洲山茱萸（*Cornus mas*）会在新叶萌发之前开花，其果实为红色，状如樱桃，味道可口。如果这些小乔木也显得过大，请混种几株有艳丽冬枝的山茱萸属灌木（可选颜色有红、橙、黄、翠绿和黑）；它们是春季球根花卉的完美陪衬。

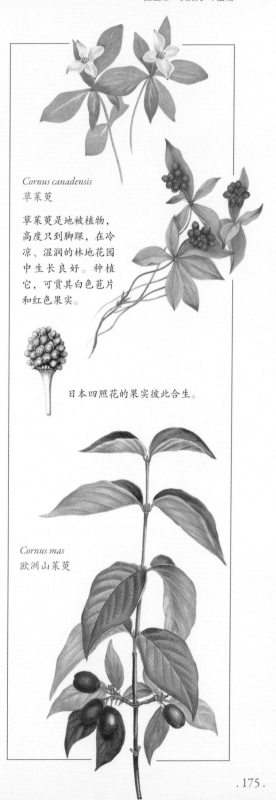

Cornus canadensis
草茱萸

草茱萸是地被植物，高度只到脚踝，在冷凉、湿润的林地花园中生长良好。种植它，可赏其白色苞片和红色果实。

日本四照花的果实彼此合生。

Cornus mas
欧洲山茱萸

绣球科 *Hydrangeaceae*

绣球科中最为知名的是绣球属（*Hydrangea*），但科中还有其他一些受欢迎的灌木（山梅花属〔*Philadelphus*〕、溲疏属〔*Deutzia*〕）、藤本（钻地风属〔*Schizophragma*〕、冠盖藤属〔*Pileostegia*〕）及多年生草本（黄山梅属〔*Kirengeshoma*〕、叉叶蓝属〔*Deinanthe*〕）。

规模

绣球科是个小科，有大约 220 种，曾长期被认为是虎耳草科的一部分。但 DNA 研究表明，绣球科实际上与山茱萸科植物关系更近。

Philadelphus
'Belle étoile'
美星杂交
山梅花

Dichroa febrifuga
常山

分布范围

绣球科在东亚、北美洲和中美洲展现了最大的多样性，还有不少种分布到了南美洲、欧洲和太平洋岛屿。

起源

一些来自晚白垩纪（大约 9,000 万年前）的花化石在形态上明显与绣球科相似，不过它们也可能代表了虎耳草科。现代属在渐新世（3,400 万～2,300 万年前）之后有广泛分布。

花

绣球科的花通常聚集为花序，大多数花兼有雌雄两性。花中有 4 或 5 枚萼片，它们通常合生；花瓣 4 或 5 枚，也常合生。雄蕊可为 2 至多枚。绣球属很多种的一部分花不育，其萼片增大为花瓣状，常有鲜艳色彩。绣球这个种的许多栽培品种的花序几乎完全由不育花组成；在另一些统称"山绣球"的品种中，不育花在中央的可育花周围排成一圈。

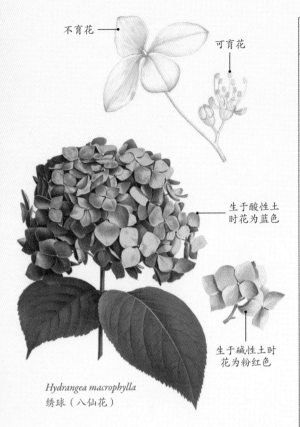

不育花

可育花

生于酸性土
时花为蓝色

生于碱性土时
花为粉红色

Hydrangea macrophylla
绣球（八仙花）

绣球这个种有个不寻常的特征，就是能随土壤 pH 值的不同而改变花色。在酸性土中，铝离子可溶于水，一旦被绣球吸收，就可把花中的色素变为蓝色或紫色。在碱性土中，铝离子不溶于水，无法被绣球吸收，于是花就为粉红色或红色。因此，绣球是测试土壤 pH 值的活试纸。不过，也不是所有品种的花都能变色，比如白花品种的花就一直是白色。往碱性土中添加硫酸铝有助于花变为蓝色，往酸性土中添加石灰有助于花变为粉红色。然而，如果土壤有很强的酸性或碱性，让花变色就比较困难了，这时更好的做法是把绣球种在有合适土壤的花盆中。

园艺中的应用

绣球属在花园中有很多用途，绣球科其他成员也值得栽培。如果想观赏生有许多金黄色雄蕊的硕大白花，请在荫蔽的院落和砾石花园中种植常绿的木银莲（*Carpenteria californica*）。黄山梅属和叉叶蓝属的花有蜡状光泽，可在林地花园中闪耀。常绿藤本植物冠盖藤（*Pileostegia viburnoides*）则极易爬满荫蔽的墙壁或枯树。

Kirengeshoma palmata
黄山梅

叶

绣球科大多数种为落叶性，其叶对生，叶缘有齿或全缘。在绣球属中有一些例外，比如栎叶绣球（*Hydrangea quercifolia*）的叶分裂，全缘绣球（*Hydrangea integrifolia*）和秘鲁攀绣球（*Hydrangea seemannii*）为常绿性。科中其他的常绿植物还有木银莲属（*Carpenteria*）、常山属（*Dichroa*）和山梅花属的一些种。黄山梅属的叶也分裂。

杜鹃花科 *Ericaceae*

杜鹃花科在花园中用途极大。本科主要是木本植物，包括欧石南类（帚石南属〔*Calluna*〕、欧石南属〔*Erica*〕、大宝石南属〔*Daboecia*〕）、低地杜鹃、高山杜鹃、白珠属（*Gaultheria*）、马醉木属（*Pieris*）和山月桂属（*Kalmia*）等。有商业价值的作物包括蓝莓和红莓苔子（蔓越莓），二者均属越橘属（*Vaccinium*）。

规模

杜鹃花科是个大科，有超过 3,850 种。这个拥有巨大多样性的科中，既有很多小属——它们只有 1~2 种，又有 3 个巨无霸属——杜鹃花属（*Rhododendron*，1,000 种）、欧石南属（850 种）和越橘属（500 种）。需要注意的是，低地杜鹃和高山杜鹃同属于杜鹃花属。

分布范围

杜鹃花科不见于南极洲和大部分热带低地森林，在非洲南部的热带山地以及北美洲东部和东亚较冷凉的地域均常见。

起源

本科最早的化石证据可追溯到晚白垩纪（约 9,000 万年前）。化石表明杜鹃花科在欧洲曾经更为多样，那里也是一些如今分布仅限于亚洲和/或美洲的属的原产地。

花

杜鹃花科的花十分多样，所以请务必记住，下面给出的基本形态描述在各个方面都会有例外。花通常兼有雄性和雌性花部，聚集为花序，有几分下垂。在杜鹃花属中，许多常具黏性的苞片保护着未开放的花。萼片 4 或 5 枚，离生或基部合生。花瓣 4 或 5 枚，有时离生，但通

花的纵剖

Rhododendron canescens
灰叶杜鹃

Calluna vulgaris
帚石南

帚石南是帚石南属的唯一的种，在新西兰是入侵的杂草植物，在澳大利亚也被视为潜在的杂草植物。

常合生，形成管状、钟状或坛状。雄蕊轮生，每4或5枚组成一轮，花粉从花药顶端的孔中散出。

果实

果实通常是干燥的蒴果，但蓝莓之类的肉果也较常见。

叶

大多数杜鹃花科植物为常绿性，其叶互生，无托叶。一些种为落叶性，比如很多低地杜鹃。科中也有叶对生或轮生的种类。叶缘全缘、具齿或向下面卷曲，有些种（包括很多高山杜鹃）在叶的下表面有稠密的毛或鳞片。

Vaccinium corymbosum
蓝莓

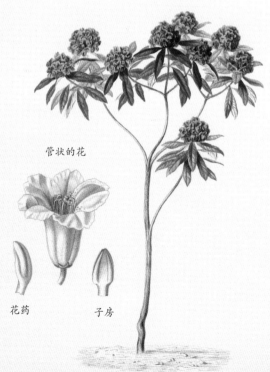

管状的花

花药　　　　子房

园艺中的应用

杜鹃花科往往见于土壤养分贫瘠且为酸性的地域，比如石南荒原（以欧石南类命名）和泥炭沼。本科植物把根与土壤中的真菌菌丝绑定在一起，形成名为"菌根"的共生关系，以此在那样的地方生存。真菌让植物的根吸收土壤养分的能力有了很大提高，作为回报，植物把一部分靠光合作用制造的糖分转给真菌。杜鹃花科大多数种需要酸性土；如果你用的土壤是碱性，那它们就不太容易存活。为了解决这个问题，你可以在容器里施用以"杜鹃花科"命名的酸性肥（名为"ericaceous"），然后把植株较小的种栽培在容器中。如果你不清楚你用的土壤是什么类型，那么可以买一个 pH 试剂盒，或是观察一下邻家花园里长势旺盛的是什么植物。

Rhododendron arboreum
树形杜鹃

杜鹃花属是杜鹃花科的最大属。其中既有类似树形杜鹃这样的大乔木，又有微小而匍匐的高山种，但大多数是直立灌木。

报春花科 *Primulaceae*

报春花科植物大多为小到中型、非木质化的多年生草本植物，也有一些为一年生草本植物，如琉璃繁缕（*Anagallis arvensis*）。本科植物往往喜爱湿润、潮湿甚至沼泽化的土壤，一些种——如水茴草属（*Samolus*）和水堇属（*Hottonia*）——为水生植物。原归于紫金牛科（*Myrsinaceae*）的种为木质化的乔木和灌木。

规模

报春花科曾是一个中等大小的科，有28属。合并了原来的紫金牛科和刺萝桐科（*Theophrastaceae*）之后，本科就扩大为有60属、2,575种的大科。紫金牛属（*Ardisia*）、仙客来属（*Cyclamen*）、珍珠菜属（*Lysimachia*）和铁仔属（*Myrsine*）现在都属于报春花科。

分布范围

报春花科分布广泛，主要围绕北半球温带地区分布。在此之外的分布地有非洲、南美洲和新西兰以及一些热带地区；生于这些地方的种往往是原属紫金牛科和刺萝桐科、现在归入报春花科的新成员。

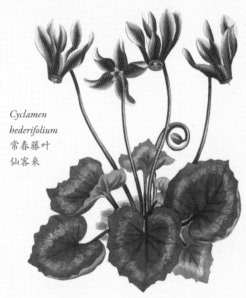

Cyclamen hederifolium
常春藤叶仙客来

仙客来属原产欧洲和北非，并延伸到西亚，而报春花属（*Primula*）中将近一半的种原产喜马拉雅山脉。流星报春属（*Dodecatheon*）产自北美洲。

起源

虽然报春花科所属的杜鹃花目（*Ericales*）在晚白垩纪（大约9,000万~8,000万年前）的化石记录中经常出现，但是与报春花科有关的化石证据过于贫乏，无法为这个科的起源提供足够的信息。

Primula auricula
耳叶报春

花

花通常为 5 数，具 5 枚花瓣、5 枚萼片和 5 枚雄蕊。珍珠菜属是个例外，有 6 枚萼片。萼片和花瓣各自合生，形成萼管和花冠管。雄蕊生在花冠上，与花瓣对生。水茴草属和雪铃花属（*Soldanella*）的花中还有 5 枚退化雄蕊（没有花药的雄蕊），它们与花瓣互生。

除了分布于地中海的麝香草属（*Coris*）之外，报春花科的花均整齐（辐射对称）。仙客来属和流星报春属等一些种的花瓣向后

Anagallis arvensis
琉璃繁缕

花的纵剖

果实剖面

包含种子
的蒴果

反折。花或为单生，或组成伞形、总状或圆锥花序，花序生于长而无叶的花序梗上。

在报春花属中，花柱具有两种不同的长度，这是所谓的"花柱异长"现象。长柱花的柱头长于雄蕊，看上去就像一根大头钉插在花冠管的开口中；短柱花的雄蕊长于柱头。

园艺中的应用

报春花科有很多观赏植物，可观赏其美丽的花朵。值得花园种植的物种清单中包括报春花属和仙客来属的大部分种，以及流星报春属、圆叶过路黄（*Lysimachia nummularia*）和雪铃花属。

Dodecatheon meadia
流星报春

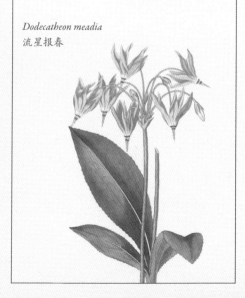

叶

除了水堇属具有水生的羽状叶之外，报春花科的叶均为单生且不分裂。很多种（特别是报春花属）的叶在地面上形成基生的莲座状叶丛。茎和叶上常生有腺毛。

山茶科 *Theaceae*

如同本科的名字所示，山茶科最为人熟知之处在于它是茶叶的来源。茶叶来自茶（*Camellia sinensis*）这种植物。本科为乔木和灌木，其中很多属种有重要的观赏价值，包括紫茎属（*Stewartia*）、洋木荷属（*Franklinia*）、核果茶属（*Pyrenaria*）、大头茶属（*Polyspora*），以及山茶属（*Camellia*）为数众多的种和品种。

规模

山茶科现在包含大约 240 种，此前有 330 个种被移入另一个科——五列木科（*Pentaphylacaceae*）。五列木科具有肉质果实，以及彼此明显不同的花瓣和萼片，因而与山茶科有区别。

分布范围

山茶科分布于东亚和东南亚的热带和温带地区，也从北美洲东部经加勒比地区分布至南美洲。本科完全不见于欧洲、非洲、澳大利亚和南极洲。

起源

山茶科大多数化石都比较晚近。一些来自晚白垩纪（大约 7,000 万年前）的化石还有待最终的鉴定，它们形似山茶科的木荷属（*Schima*），但也像五列木科。

花

山茶属及其近缘种的花单生于叶腋。每朵花下方有数枚苞片，其上是 5 枚萼片和 5 枚花瓣，这三者的形态可逐渐过渡而彼此相似。山茶属很多品种有重瓣花，花中有多数花瓣，而只有很少的雄蕊或无雄蕊；典型的花有大量金黄色的雄蕊。山茶科大多数种的花为白色，但山茶属的花色有白、粉红、红，还有少数种的花为黄色（如金花茶〔*Camellia petelotii*〕）。

Stewartia ovata var. *grandiflora*
大花卵叶紫茎

Camellia japonica
山茶

山茶原产中国、朝鲜半岛和日本，是很多受欢迎的园艺杂种和品种的亲本。

Camellia sinensis
茶

子房的横剖　　　　　　花的纵剖

果实的　　　果实的　　　种子和子叶
上面观　　　下面观

果实

　　果实为干燥的蒴果（稀为肉质），裂开后散出有翅或无翅的种子。在花园中，山茶属很少结果，原因之一在于很多品种是不育的。你如果确实种有可育的植株，那么会看到它们通常单生的花具有许多雄蕊，有辛劳的蜜蜂在花间活动，之后便会结出苹果一般的红色果实。请让果实留在枝头直到开裂，之后再采集种子，以种出更多的植株。山茶科的种子富含油脂，油茶（*Camellia oleifera*）的种子在收获之后可用来榨取用于烹饪和化妆品的茶油。

叶

　　山茶科大多数种为常绿性，但洋木荷属以及紫茎属的大多数种除外——它们是落叶种，常形成优美的秋色。本科的叶互生，为单叶，叶缘具齿，在每个齿的尖端有脱落性的腺体。紫茎属几个种的树皮颜色斑驳而引人注目，在冬季叶落之后树皮成为主要的观赏部位。

园艺中的应用

　　与亲缘科杜鹃花科一样，山茶属及其近缘种偏好酸性的、富含有机质的土壤。它们在林地环境中表现良好，株形较小的种也适于在容器中栽培。如果想让景观与众不同，请种植山茶属作为绿篱；它们虽然不像一些绿篱那样生长迅速，却可以形成密实的常绿屏障，还能开出美丽的花。请使秋季开花的茶梅（*Camellia sasanqua*）贴上原本乏味的朝北或朝东的墙面生长，或让洋木荷属植物成为花境中的焦点，后者有白色的大花和优美的秋季叶色。

Camellia sasanqua
茶梅

旋花科 *Convolvulaceae*

　　旋花科在英文中也叫"牵牛科"，大多是攀缘、缠绕和匍匐生长的植物，一些为草本，一些为木本。大多数园艺师都认识三色牵牛（*Ipomoea tricolor*），或是对付过可怕的旋花（*Calystegia sepium*），因此对这个科不会陌生。

规模

　　旋花科有 52 属，1,650 种。最大的属是番薯属（*Ipomoea*），它有 500 多种；第二大属是旋花属（*Convolvulus*），它有大约 230 种。菟丝子属（*Cuscuta*）是不同寻常的属，有大约 150 种，均为寄生植物。科中还有一些灌木和乔木，比如土丁桂属（*Evolvulus*），它有大约 100 种，是一群茎不缠绕的一年生草本、多年生草本和灌木。

分布范围

　　旋花科在世界上各个地方都可见，广布于温带和热带地区。本科的生境非常多样：既可生于植被繁茂的地方，又可生于干旱而植被稀疏的半荒漠地区——甚至在沙丘上你也能找到厚藤（*Ipomoea pes-caprae*）。盐牵牛（*Ipomoea sagittata*）生于盐沼的边缘，而蕹菜（*Ipomoea aquatica*）生于淡水中。

起源

　　旋花科只有零星的化石记录，因此其准确起源难于追溯。它属于茄目（*Solanales*），植物学家推测该目在新生代期间（6,600 万年前）演化出来。

Ipomoea tricolor
三色牵牛

本种可赏其喇叭状的花。其茎以缠绕的方式攀在架子和其他植物之上。叶螺旋状互生。

Calystegia sepium
旋花

花的纵剖

成熟的蒴果

种子的剖面

花

　　旋花科艳丽的花朵为辐射对称，其5枚花瓣合生为漏斗形或喇叭形。花冠略微扭转，通常为蓝、粉红或白色，有时为黄、乳黄、红或橙红色，并常有从中央向外放射的星状纹样。雄蕊通常5枚，雌蕊通常1枚，子房上位。

　　萼片通常明显，而且和花瓣不同，并不合生。花芽偶尔为苞片所包围，苞片在花期和花期之后仍宿存于花萼基部，如旋花中所见。花要么单生，要么组成聚伞花序。

园艺中的应用

　　番薯属和旋花属中有不少具观赏价值的植物，特别是三色牵牛及其栽培品种。番薯（*Ipomoea batatas*）是重要的粮食作物，在气候较温暖的国家有广泛的家庭和商业种植。菟丝子属是恼人的杂草，还有一些牵牛类和旋花属植物也是如此；请尽量避免它们滋生。

叶

　　旋花科的学名来自拉丁语 *convolvere*，意为"缠绕"或"包裹"，形容其细长而呈缠绕状的茎。本科的茎在切断时有时会分泌乳状汁液。叶为单叶，互生。

　　大多数种的茎叶为绿色，有时带粉红或紫色调。菟丝子属寄生于其他植物之上。因为这种寄生习性，其茎常为黄、橙或红色，在生叶的地方只有微小的鳞片。

Evolvulus arbuscula
灌木土丁桂

茄科 *Solanaceae*

茄科具有非常独特的花，是植物的所有科里面最为著名、最易识别的科之一。茄科在英文中叫"马铃薯科"，也被称为"番茄科"或"龙葵科"。它包括很多常见的草本植物以及一些灌木种。

规模

茄科有 91 属，2,450 种，显然不是个小科。科中较大的 8 个属是茄属（*Solanum*）、红丝线属（*Lycianthes*）、夜香树属（*Cestrum*）、假茄属（*Nolana*）、灯笼果属（*Physalis*）、枸杞属（*Lycium*）、烟草属（*Nicotiana*）和鸳鸯茉莉属（*Brunfelsia*）。这 8 个属合计拥有全科几乎三分之二的种，而光是茄属的种数

Solanum tuberosum
马铃薯（土豆）

就占到全科的三分之一。

分布范围

茄科的成员占据了世界范围内多样的生境，在热带和温带均可见。番茄这种作物的起源地是南美洲的雨林。

起源

与茄目的其他科一样，茄科的化石记录很零散。不过，本科在南美洲集中分布的事实表明它起源于南美洲。在阿根廷发现了灯笼果类的化石，这让茄科的起源时间较以往认为的有所提前——可能是在约 1 亿年前的白垩纪。

花

茄科的花非常独特，其 5 枚花瓣合生，5 枚显眼的黄色花药在花心聚于一处。这样的花很难和其他科的花混淆。矮牵牛属（*Petunia*）有漏斗状的花，但请勿将它们错认成旋花科植物。蛾蝶花属（*Schizanthus*）有不对称的花，并非科中的典型。

茄科的合生花瓣可以形成多种花形。花冠可圆而扁（茄属），呈钟形（假酸浆属〔*Nicandra*〕）或呈管形（烟草属）。木曼陀罗属（*Brugmansia*）的花令人印象深刻，展现了一种迷人的形态。茄科的花具 5 枚萼片，它们常部分合生；子房为上位。

果实

果实通常为浆果，比如人们很熟悉的番茄和辣椒属（*Capsicum*）的果实；但有时则为蒴果，比如矮牵牛属和美人襟属（*Salpiglossis*）的果实。灯笼果属的果实包在纸质外壳中。马铃薯的浆果状果实看上去像未成熟的番茄，但有毒。

叶

茄科的叶通常在茎上互生，其大小和形状非常多变。比如番茄和马铃薯的叶为羽状复叶，而茄（*Solanum melongena*）和辣椒的叶却是全缘的单叶。

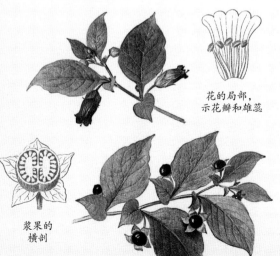

花的局部，示花瓣和雄蕊

浆果的横剖

Datura metel
洋金花

Solanum melongena
茄

毒性

茄科很多种含有有毒的生物碱。科中最著名的有毒植物有颠茄（*Atropa belladonna*）、欧茄参（*Mandragora officinarum*）、曼陀罗（*Datura stramonium*）和天仙子（*Hyoscyamus niger*）等。

Atropa belladonna
颠茄

夹竹桃科 *Apocynaceae*

夹竹桃科这个热带大科的英文名"The Milkweed Family"得名于植株的茎叶碾碎后流出的白色乳汁。本科包括乔木、灌木、草本植物、多肉植物和很多藤本，还有一些有用的园艺植物，如马利筋属（*Asclepias*）、长春花类（蔓长春花属〔*Vinca*〕和长春花属〔*Catharanthus*〕）及络石属（*Trachelospermum*）。

规模

夹竹桃科是个大科，有 4,700 种，为热带景观中的重要组成成分，但其中有商业价值的植物寥寥无几。

Asclepias curassavica
马利筋

马利筋的花有橙色的花瓣，还有凸起的黄色副花冠。花受精之后会结出长形果荚，它们通常两两成对，成熟时散出大量生有降落伞般的丝状冠毛的种子。

单朵花

具丝状冠毛
的种子

分布范围

夹竹桃科见于所有热带区域，科中很多多肉植物适应干旱的生境。本科也分布到温带地区，只是分布地纬度越高，则种的多样性越低。

起源

最近有研究表明，夹竹桃科的起源可追溯到至少 6,000 万年前，而萝藦类（以前为独立的萝藦科〔*Asclepiadaceae*〕）在大约 4,000 万年前分化出来。

园艺中的应用

室内植物爱好者无疑会非常熟悉本科中那些易种的种类，比如花芳香的球兰（*Hoya carnosa*）和多花耳药藤（*Stephanotis floribunda*），以及爱之蔓（*Ceropegia woodii*）。多肉植物的栽培专家则会收集花有腐臭味的犀角属（*Stapelia*）和乔木状而多刺的棒锤树属（*Pachypodium*）的很多种。在室外可让络石（*Trachelospermum jasminoides*）和苦绳（*Dregea sinensis*）爬满藤架，它们的花都有香气。蔓长春花属的许多品种是有用的地被植物。水甘草属（*Amsonia*）的多年生草本植物可以在春季开出精致的花，在秋季展示绚丽的叶。

Trachelospermum jasminoides
络石

络石具有芳香的花和常绿的叶，是花园中颇有价值的藤本植物。请将它种在藤架上或露台旁边，以近距离享受其醉人的花香。

花

夹竹桃科在传粉策略上十分多样。而且，和兰科一样，其花常高度特化，适应了各自的传粉者。花的基本结构包括 5 枚萼片、5 枚花瓣和 5 枚雄蕊。萼片部分合生，顶端裂片明显。花瓣合生成管状，顶端也有明显的裂片。花冠裂片往往看上去像螺旋桨，但也可呈星形或钟状。雄蕊与花冠管部分合生；花药离生或合生为围绕着柱头的环状。花粉有黏性，有时团聚成被称为"花粉团"的块状物。很多种的雄蕊还会长出 5 裂的副冠，副冠颜色鲜艳，状如花瓣。花的气味可芳香（球兰属〔*Hoya*〕和络石属）或腐臭（犀角属）。

叶

叶为单叶，对生或轮生（稀为互生），常绿性或落叶性，叶缘全缘。叶柄存在，托叶退化或无。很多多肉植物完全没有叶。

传粉

传粉是个竞争激烈的领域，植物要为争夺有限的访花昆虫资源展开竞争。一些多肉种就放弃了常见的蝶类和蜂类等传粉昆虫，转而瞄准了腐食性的蝇类。这些植物的花在外观和气味上都像腐尸，如犀角属。吊灯花属（*Ceropegia*）会把蝇类关在管状的花中，直到它们身上沾满花粉才把它们放出来。

Stapelia grandiflora
大花犀角

Ceropegia elegans
迈索尔吊灯花

龙胆科 *Gentianaceae*

龙胆科以龙胆属（*Gentiana*）而得名。龙胆属是龙胆科最知名的属，是开天蓝色花的小型植物。本科几乎都是一年生和多年生草本。科中也存在少数独特的生长型，比如乌奴龙胆（*Gentiana urnula*）是多肉植物，而鬼晶花属（*Voyria*）缺乏叶绿素。

规模

龙胆科有 85 属，1,600 种，其中大约 400 种属于龙胆属这个大属。其他主要的属还有假龙胆属（*Gentianella*）、小黄管属（*Sebaea*）和獐牙菜属（*Swertia*），它们各有大约 100 种。

分布范围

龙胆科的成员见于全世界。虽然很多种是亚北极和高山的草本植物，但也有不少种生于盐碱化或沼泽化地区。鬼晶花属（产于热带美洲和西非）等一些种靠腐烂的植被生存，通过寄生真菌获得养分。

龙胆科的大多数热带种是灌木或小乔木，如产自非洲大陆和马达加斯加的星花莉

Gentiana verna
春龙胆

属（*Anthocleista*）。龙胆属大部分种分布于亚洲、欧洲和南北美洲的温带地区。本科在北美洲只有 13 个原产属。

起源

人们认为龙胆科的早期演化于始新世期间（5,000 万～3,000 万年前）发生在美洲热带地区。不过，新的观点认为本科可能要古老得多，也许可以追溯到 1 亿年前。

Gentiana acaulis
无茎龙胆

本种的花为天蓝色，呈小号状，其花梗非常短。叶形成基生叶丛，或在很短的茎上对生。

花

龙胆科的小号状或钟状的花非常独特，不过它们并非都像龙胆属的花那样绚丽。花的颜色多变，可为深蓝、白、淡黄和黄色，甚至可为红色。

花部为 4 数或 5 数，萼片离生，花瓣合生为管状，具 4 或 5 枚花冠裂片。雄蕊附着在花冠管上，并与花冠裂片互生。龙胆属的花在花冠裂片间有奇特的称为"褶"的发皱部分。

花的纵剖

成熟的蒴果和种子

Gentiana lutea
深黄花龙胆

花的纵剖

Gentiana pneumonanthe
长枝龙胆

园艺中的应用

对园艺师来说，龙胆属是龙胆科最有价值的植物，其生动的花色让人难忍种植的欲望。该属很多种都是优异的岩石花园植物，比如春龙胆（*Gentiana verna*）和类华丽龙胆（*Gentiana sino-ornata*）。需要注意的是，它们有难于在原生地生境之外种植的名声，需要专门的土壤类型和适当的水分供应。

春龙胆是最容易在花园中生长的种之一，是布置石灰岩花园或高山植物花槽的理想用材——在这些环境中其生长条件可以控制。园艺师也不妨试试在晚春开花的无茎龙胆（*Gentiana acaulis*），或在夏季开花的七裂龙胆（*Gentiana septemfida*）。

在种植龙胆属植物时，有必要从专业性的苗圃订购，因为对方能够提供宝贵的栽培建议。

叶

叶大多为对生，但美甸花属（*Frasera*）一些种的叶为 3 或 4 枚轮生，獐牙菜属的叶互生。龙胆属很多高山或亚北极植物的叶形成基生莲座状叶丛。叶为单叶。

Swertia perennis
宿根獐牙菜

唇形科 *Lamiaceae*

唇形科可能是以该科多年生和一年生的芳香草本而著称。然而，这个科最近已经扩大，包括了柚木属（*Tectona*）等乔木，紫珠属（*Callicarpa*）等灌木，以及大青属（*Clerodendrum*）等含有藤本植物的属。

规模

唇形科植物在草药园中占据优势地位，这些植物包括迷迭香属（*Rosmarinus*）、薰衣草属（*Lavandula*）、鼠尾草属（*Salvia*）、百里香属（*Thymus*）和神香草属（*Hyssopus*）等灌木，薄荷属（*Mentha*）、牛至属（*Origanum*）、荆芥属（*Nepeta*）和罗勒属（*Ocimum*）等草本植物。唇形科的 6,500 个种中，还有其他很多优秀的园艺植物，如美国薄荷属（*Monarda*）、野芝麻属（*Lamium*）、筋骨草属（*Ajuga*）和水苏属（*Stachys*）等。

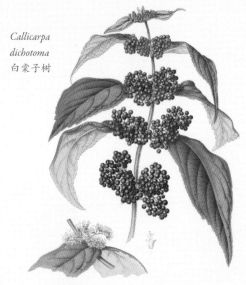

Callicarpa dichotoma
白棠子树

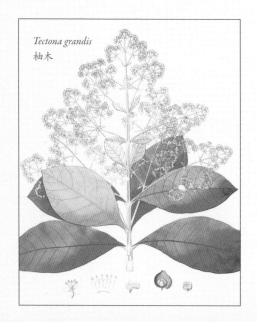

Tectona grandis
柚木

分布范围

唇形科几乎分布于全世界，仅不见于两极地区，在气候炎热干旱的地域（比如地中海地区）尤为多见。本科植物体内含有特征性的挥发油，这些物质的挥发便可以减少水分损失。

起源

唇形科是在始新世（约 4,600 万年前）之前没有化石记录的几个科之一。本科具有特化的、用来引诱传粉者的花部结构，因此它可能是在比较晚近的时候才演化出来的植物科之一。

花

　　花的形状可能是唇形科最显著的特征，也是这个科叫"唇形科"（来自旧学名 *Labiatae*，意为"具唇的"）的原因。每朵花有 5 枚绿色的萼片，它们部分合生为管状，里面生有 5 枚合生的花瓣。花冠管开放后呈二唇形，上唇具 2 枚裂片，下唇具 3 枚裂片。不过这个结构不是固定的。彩叶草（*Solenostemon scutellarioides*）的上唇只有 1 枚裂片，下唇却有 4 枚裂片；而香科科属（*Teucrium*）没有上唇，其下唇有 5 枚裂片。尽管有这些形态变异，唇形科的花仍然易于辨认：每朵花中通常有 4 枚雄蕊（鼠尾草属和迷迭香属只有 2 枚），花瓣通常有鲜艳的颜色而无气味。不过，植株的叶却有浓郁的气味。

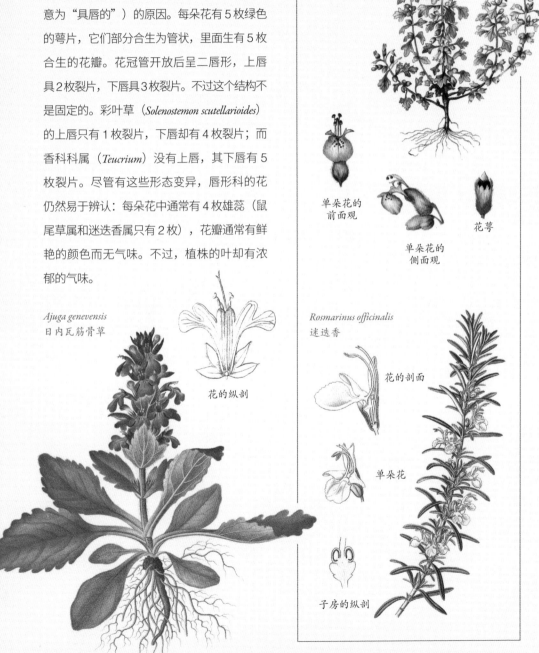

Teucrium botrys
羽叶石蚕

单朵花的
前面观

单朵花的
侧面观

花萼

Ajuga genevensis
日内瓦筋骨草

花的纵剖

Rosmarinus officinalis
迷迭香

花的剖面

单朵花

子房的纵剖

果实

与花不同，唇形科的果实一般不甚显眼。大多数种结的是形如种子的干燥小坚果，它们在花瓣凋谢之后仍然一直包藏在萼管中。每朵花通常发育有 4 个小坚果，它们在解体时落至地面。有些种发育有肉果，果实可为动物所摄食和散播。海州常山（*Clerodendrum trichotomum*）的果实为蓝色，4 裂，位于显眼的红色萼片中央，对饥饿的鸟类来说是很有吸引力的目标。

叶

在鉴定植物的时候，对生叶和四方形茎的组合马上就能让人想到唇形科。这是一个有用的组合特征，易于观察。但也要注意，它并不为唇形科所独有。唇形科的叶通常为单叶，很少分裂或为复叶，揉碎后常有芳香的气味。大多数种的叶为对生，每一对叶与相邻的另一对叶相互垂直；但叶偶尔也有轮生的情况。迷迭香属等耐旱的种常有厚革质叶，绵毛水苏（*Stachys byzantina*）则在叶面上覆有银色的毛以减少水分的蒸发损失。与此相反，生于湿润土壤（如罗勒属）或水生生境（如薄荷属）的植物的叶较薄，上面毛很少或无毛。

展开的花冠管

单朵花

展开的花萼管

4个小坚果

Salvia officinalis
药用鼠尾草

鼠尾草属的干果叫小坚果，一直包藏在花萼中，最终散落。虽然它们本质上是果实，但其外观和表现都像种子。

Clerodendrum trichotomum
海州常山

Mentha longifolia
欧薄荷

欧薄荷分布广泛，从西欧一直到中国，南达南非。和薄荷属的很多种一样，它也有浓郁的薄荷醇香气。

传粉

鼠尾草属有 900 多种，是唇形科最大的属。欧鼠尾草（*Salvia officinalis*）只是该属中众多有园艺价值的植物中的一种。鼠尾草属为什么会有这么多种呢？答案可能和花里面独特的传粉机制有关。每朵花都只有 2 枚雄蕊，它们伸长成杠杆状。当传粉者为寻觅花蜜而访花时，便会推动杠杆，导致装有花粉的花药向下打在传粉者的背上。如果雄蕊长度发生轻微变异，花粉便会落在传粉者身体的不同部位，这就意味着这些花粉不会被另一朵花的可育柱头获取。这样一来，原本杂交可育的植株之间就出现了生殖隔离，鼠尾草属的一个新种就诞生了。

园艺中的应用

唇形科不仅是食用植物花园不可或缺的成分，而且含有很多适用于各种环境的有用的观赏植物。想节约用水的园艺师最好种植银香科科（*Teucrium fruticans*）、橙花糙苏（*Phlomis fruticosa*）、莸属（*Caryopteris*）和穗花牡荆（*Vitex agnus-castus*）之类的灌木，因为它们可以忍受相当程度的干旱。与此相反，如果水没有短缺之虞，则罗勒、鼠尾草以及彩叶草的许多观赏品种可以成为很好的夏季容器植物。对低矮的绿篱和线形花境来说，迷迭香、神香草、薰衣草和欧香科科（*Teucrium chamaedrys*）是理想的花材。

Vitex agnus-castus
穗花牡荆

Solenostemon scutellarioides
彩叶草

木樨科 *Oleaceae*

有的科中很多植物会让人大感意外，想不到它们竟有亲缘关系。木樨科就是这样的一个科，科中既有木樨榄属（*Olea*）、梣属（*Fraxinus*），又有丁香属（*Syringa*）、素馨属（*Jasminum*）、女贞属（*Ligustrum*）、木樨属（*Osmanthus*）、连翘属（*Forsythia*）和翅果连翘属（*Abeliophyllum*）。科中植物基本都是木质的乔木和灌木，也有少量是蔓生藤本。

规模

木樨科是中等规模的科，现含 24 属、约 800 种。种数有不确定性，这主要来自素馨属。根据你参考的不同观点，该属的种数可在 200～450 之间变化。

Jasminum didymum
荒漠茉莉

Olea europaea
木樨榄（油橄榄）

成熟的浆果

花的纵剖，示花瓣合生、子房上位

分布范围

木樨科在全世界广泛分布，从热带到亚北极地区都有其成员。梣属在北半球温带大部分地区都有生长，素馨属在欧洲、亚洲、澳大利亚、太平洋岛屿和美洲热带均可见。女贞属从欧洲一直分布到东南亚，而翅果连翘属仅见于朝鲜半岛。

起源

尽管木樨科的化石记录非常贫乏，植物学家还是普遍相信它的起源可以追溯到中生代。一些今天仅有地方性分布的属可能已经隔离了数百万年。

花

木樨科的花通常非常小，容易被忽略。比起单朵花的外形，花朵的香气和所结的果实可能更引人注意。像梣属和女贞属之类的种，花并不是观赏目标。也正因为如此，业余爱好者可能会错过机会，观察不到本科共有的特征——花的结构。

木樨科的花有 4 枚合生萼片、4 枚合生花瓣和 2 枚雄蕊，这样的组合特征相当少见。花整齐，大量聚生，常有气味。子房为上位，有 2 枚合生心皮，成熟后成为具 2 室的果实。

梣属略有些另类，因为该属很多种的花无花瓣。素馨属的花瓣数目有变异，4～9枚不等。木樨科植物的花瓣常全部合生为或长或短的管状。

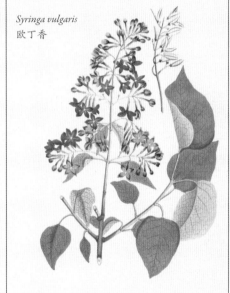

园艺中的应用

木樨榄的果实是有价值的商品。木樨榄这种小乔木有银白色的常绿叶，也是广受喜爱的观叶植物，特别是在气候较冷凉但又刚好足以栽培它们的温带地区。花园中较为常见的是梣属、素馨属和欧丁香（*Syringa vulgaris*）。

Syringa vulgaris
欧丁香

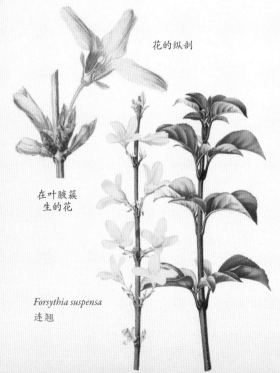

花的纵剖

在叶腋簇生的花

Forsythia suspensa
连翘

叶

木樨科的叶为对生。有些种为常绿性。

果实

素馨属和女贞属结的是浆果。连翘属结的是干燥蒴果，果实内含具翅的种子。木樨榄属的果实是小型核果。梣属的果实有翅，称为翅果，在英语里通常统称"keys"。

玄参科 *Scrophulariaceae*

植物中几乎没有哪个科在分类变动上比玄参科更剧烈了。原属玄参科的很多种已经被移入了其他科（主要是车前科〔*Plantaginaceae*〕和列当科〔*Orobanchaceae*〕），同时又有很多种被移进了玄参科（原属马钱科〔*Loganiaceae*〕的醉鱼草属〔*Buddleja*〕）。如今，玄参科既有乔木和灌木，又有一年生和多年生草本植物。

规模

玄参科现在已经缩小到只有大约 1,800 种，其中有玄参属（*Scrophularia*）、毛蕊花属（*Verbascum*）、避日花属（*Phygelius*）、龙面花属（*Nemesia*）和双距花属（*Diascia*）等有园艺价值的属。大部分种为草本，但醉鱼草属和其他一些属中也有乔木和灌木。

Buddleja davidii
大叶醉鱼草

分布范围

玄参科广布于热带和温带地区，在非洲南部和热带山脉的高海拔地区尤为常见。

起源

玄参科不见于化石记录，但它所在的唇形目（*Lamiales*，还包括车前科、唇形科和木樨科）有可追溯至始新世的化石记录。

花

大多数种的花排列成伸长的花序，也有些种的花单生。花可为辐射对称（醉鱼草属和毛蕊花属），也可为两侧对称——两侧对称的花为蜂类提供了更大的落脚平台。萼片 4 或 5 枚，离生或合生；花瓣 4 或 5 枚，均合生，通常为管状。花冠管开放时，其裂片可大小不同而形成二唇形，或彼此等大；有些种在花后方有管状距。雄蕊与花冠管部分合生，排成 1 或 2 对（此时 1 对短，1 对长）。玄参科一些种的花有香气，如樱烛花属（*Zaluzianskya*），以及醉鱼草属的若干种。

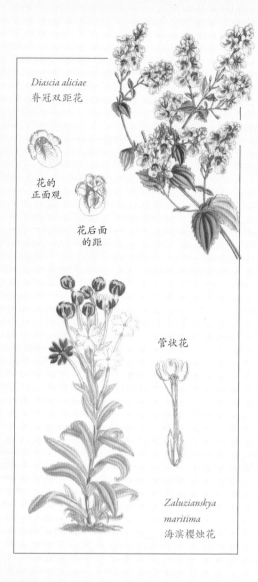

Diascia aliciae
脊冠双距花

花的
正面观

花后面
的距

管状花

*Zaluzianskya
maritima*
海滨樱烛花

园艺中的应用

大叶醉鱼草（*Buddleja davidii*）实在是人们再熟悉不过的植物，它是传粉昆虫的优质食物来源，同时也有容易从庭园逸生的不好名声。如果想要另一种景观，请尝试把大花醉鱼草（*Buddleja colvilei*）种在墙前；比起醉鱼草属一般的种类，它粉红色的花要大得多。球花醉鱼草（*Buddleja globosa*）是大灌木，其花序为球形，呈炽烈的橙色，与深绿色的叶构成鲜明对比。如果你喜欢种一些稀奇古怪的植物，那可能想要来几株鹅颈管槌花（*Glumicalyx goseloides*）。它为多年生草本，花下垂，有巧克力香气，未开放时为白色，开放后就露出灿烂的橙色花瓣。请把它种在排水良好的土壤中和阳光充足处。最后，避日花属是小灌木或草本，有下垂的管状花朵。你如果向圆柱形的花冠管里仔细看去，便能欣赏到里面对比鲜明的花色。

Buddleja colvilei
大花醉鱼草

Scrophularia vernalis
黄玄参

叶

玄参科所有种的叶均为单叶，可为对生、互生或轮生，全缘或具齿。叶柄存在或无，托叶通常不存在（在醉鱼草属中有时存在）。科中一些种（比如玄参属）有四方形茎和对生叶，与唇形科相似，但唇形科的叶有气味，因而二者易于区别。

车前科 *Plantaginaceae*

尽管车前科也包括一些乔木和灌木，但科中大多数种是一年生、二年生或多年生草本。科中基本没有栽培作物，但有很多园艺植物，如毛地黄属（*Digitalis*）、金鱼草属（*Antirrhinum*）、柳穿鱼属（*Linaria*）和钓钟柳属（*Penstemon*）。

规模

车前科以前只有 250 种，包括草坪上的常见杂草车前属（*Plantago*），但现在扩大到大约 1,900 种。大多数种是陆生草本，但也有一小部分是木质藤本（蔓金鱼草属〔*Asarina*〕和红衣藤属〔*Rhodochiton*〕）及水生植物（水马齿属〔*Callitriche*〕和杉叶藻属〔*Hippuris*〕）。

分布范围

车前科见于除南极洲之外的世界各地，最常生于温带地区。

不育的雄蕊

Penstemon richardsonii
切叶钓钟柳

Digitalis purpurea
毛地黄

起源

与近缘的玄参科一样，我们对本科的演化史知之甚少。

花

车前科的花与玄参科的花在很多方面都很像，因而难于区分。车前科的每朵花有 4 或 5 枚合生的萼片以及 4 或 5 枚合生的花瓣，车前属则无花瓣。在金鱼草属、柳穿鱼属等属中，花瓣构成上下两个相对的唇，下唇常向上鼓凸，形成金鱼草状的独特口部。花中有 4 枚雄蕊，2 短 2 长，但婆婆纳属（*Veronica*）只有 2 枚雄蕊。钓钟柳属很多种还有第 5 枚不育的覆毛的雄蕊，它是该种的英文名 "beardtongue"（长胡子的舌头）的来源。

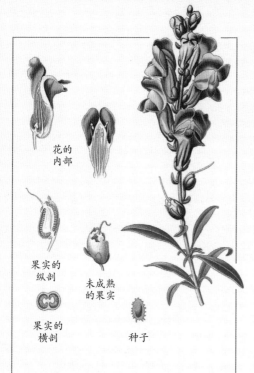

花的
内部

果实的
纵剖

果实的
横剖

未成熟
的果实

种子

Antirrhinum majus
金鱼草

金鱼草的花瓣上有黄色斑块。黄色易于被蜂类看到，可以提示它们在何处落脚。只有体形壮硕的大黄蜂能挤开花冠裂片，够到里面的花蜜。

叶

车前科中对生叶最为常见，但也有互生叶（毛地黄属和地团花属〔*Globularia*〕）及轮生叶（杉叶藻属）。婆婆纳属这个大属现已扩大到包括长阶花属（*Hebe*），属中既有叶互生的种，又有叶对生的种。叶缘全缘或具齿，叶柄有或无，托叶不存在。

园艺中的应用

如果没有车前科，我们就会失去很多上等的花境植物。毛地黄属和腹水草属（*Veronicastrum*）壮硕的塔状花穗可以构成花境中有用的背景，而钓钟柳属和鳖头花属（*Chelone*）可用于填充花境的中景。请用一些一年生的金鱼草作为前景，用爬满冠子藤属（*Lophospermum*）和红衣藤属之类不耐寒藤本的尖碑填补花境的空白，这样你的花境就完成了。车前科里一些较为小巧的成员在高山花园和花槽中表现良好。地团花属植株可形成毯状，其花为蓝色，与粉红色的狐地黄（*Erinus alpinus*）混搭起来很好看。植株小巧的澳石南状长阶花（*Veronica epacridea*，旧名 *Hebe epacridea*）具有外形精致、沿纤细的茎整齐排列的叶，可以作为开紫色花的岩垫钓钟柳（*Penstemon davidsonii*）的良好陪衬。如果你觉得车前科里动不动就是紫、粉红、蓝和白色的花，那么松叶钓钟柳（*Penstemon pinifolius*）激情四射的花是个显著的例外，其花色可为异常艳丽的橙红或硫黄。

Globularia alypum
灌木地团花

花无花瓣

叶为轮生

Hippuris vulgaris
杉叶藻

杉叶藻是车前科若干水生植物中的一种。其花高度退化，没有花瓣。

紫草科 *Boraginaceae*

　　紫草科的花小巧，呈蓝色，组成逐渐展开的卷旋状花序，这些特征使这群质地粗糙的草本植物易于识别。虽然科中也有一些灌木或乔木种（比如破布木属〔*Cordia*〕的树种），但大多数成员是低矮的一年生草本以及开花后地上部分即枯死的多年生草本。

规模

　　紫草科有 142 属，2,450 种。尽管本科以玻璃苣属（*Borago*）而得名，但是该属只有 5 个种。科中较大的属有破布木属和天芥菜属（*Heliotropium*），二者各有大约 300 种。

分布范围

　　紫草科的成员在全世界的温带和亚热带地区都有分布，在较冷的温带以及热带地区比较少见。本科的多样性中心主要在地中海盆地周边。

　　尽管木本的破布木属在世界各地均可

Cordia myxa
毛叶破布木

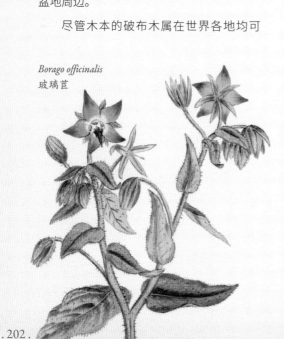

Borago officinalis
玻璃苣

见，但其大多数种的分布限于较温暖的地区，如非洲和东南亚。全科大约五分之一的属原产北美洲。

起源

　　在北美洲的中新世和上新世沉积层中，紫草科有丰富的化石记录。这些化石的丰富性和多样性表明本科的演化发生于大约 5,000 万年前的新生代期间。

花

单朵花为 5 数，具 5 枚萼片、5 枚花瓣、5 枚雄蕊和上位子房。花瓣合生为 5 裂的花冠，形成管状或钟状。萼片与花冠裂片互生，玻璃苣属的花因此而有星形的外观。

花瓣通常为蓝色，其他常见颜色还有黄、白、粉红和紫色。有时花会在开放一段时间后变色，这可能是给传粉昆虫的指示。花形通常整齐，但在蓝蓟属（*Echium*）及其亲缘属中花形为唇形。

紫草科的花序被描述为"蝎尾状"或"螺旋状"，这是说它们卷曲成蝎子尾巴或弹簧的样子。随着花顺次开放，花序也逐渐展开，这是本科的一个识别特征。蓝蓟属高大的塔状花序极易识别，能给人留下深刻的印象。

Echium strictum
高贵蓝蓟

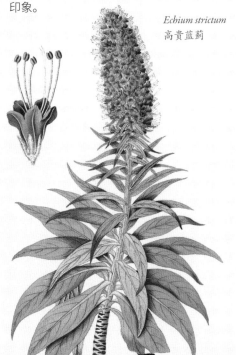

园艺中的应用

紫草科中的观赏植物包括天芥菜属、滨紫草属（*Mertensia*）、勿忘草属（*Myosotis*）、肺草属（*Pulmonaria*）、蓝蓟属、蓝珠草属（*Brunnera*）和漂亮的一年生植物蜜蜡花属（*Cerinthe*）。玻璃苣（*Borago officinalis*）是一种一年生的药用园艺植物，对蜜蜂来说是优质的蜜源。聚合草属（*Symphytum*）对有机园艺来说颇有用处，因为它不仅是堆肥促进剂，而且本身也是肥料的来源。

Myosotis scorpioides
沼泽勿忘草

叶

紫草科植物质地粗糙，其叶、茎和花序上都有硬毛。皮肤与它们接触后，可能会起发痒的疹子。叶为互生，通常狭窄，为单叶，叶缘全缘或具齿。有时叶上有斑块，如肺草属即是如此。

菊科 *Asteraceae*

菊科最为人熟知的成员是紫菀属（*Aster*）、松果菊属（*Echinacea*）和金光菊属（*Rudbeckia*）之类的多年生草本，以及向日葵属（*Helianthus*）和矢车菊属（*Centaurea*）等属中的一年生草本。然而，这个超大科也包含乔木、灌木、藤本、高山植物及很多重要的园艺杂草和野花，比如蒲公英属（*Taraxacum*）、雏菊属（*Bellis*）和蓟类。

规模

菊科有大约 23,600 种，是地球上最大的植物的科。这样庞大的规模可能会让你以为科中有很多重要的食用植物，但菊科的重要作物不过仅有向日葵、莴苣、菜蓟和菊苣而已。在花园中，菊科证明了它的重要价值，有用的多年生菊科草本植物可以列出很长的名单。对花商来说，有 2 个属需要花大功夫重点培育，它们是大丽花属（*Dahlia*）和菊属（*Chrysanthemum*）。

Achillea millefolium
蓍

Centaurea cyanus
矢车菊

分布范围

菊科可见于几乎所有的生态系统，仅不见于南极洲。不过，它们在热带雨林中一般不多见。菊科在干旱地区——比如荒漠和地中海气候的地区——以及热带山脉的高海拔处尤为多样。

起源

菊科可能是植物的所有科中最为进步的科之一，其最早的化石记录来自南极洲的白垩纪沉积层（7,600 万～6,600 万年前）。与菊科最近缘的小科是萼角花科（*Calyceraceae*），其分布完全限于南美洲，这进一步确证了菊科起源于南半球。

花

历史上，菊科的学名叫 *Compositae*，本意为"复合的"，这是因为菊科植物看上去像单朵"花"的结构其实是由微小的花聚集而成的花序，也就是说，菊科的"花"是若干真正的花的复合体。这种花序在术语中叫头状花序，可吸引传粉昆虫，起着与单朵花一样的作用。花序中微小的花（或叫"小花"）通常具体而微地保留了所有主要的花部。萼片退化为一簇鳞片或毛（冠毛）；5枚花瓣合生为管状，5枚雄蕊部分贴生其上。

很多菊科植物的花序有两种类型的小花，其区别在于花瓣。盘花有对称的花冠管；边花则不对称，其花冠管在开放时呈唇形而偏于一侧。雏菊（*Bellis perennis*）的盘花为黄色，位于花序中央，而边花为白色，居于花序外缘。蒲公英属只有边花，而欧洲千里光（*Senecio vulgaris*）只有盘花。整个花序周围有一圈状如萼片的绿色苞片，称为"总苞"。所有菊科植物都有这种复合的花序。

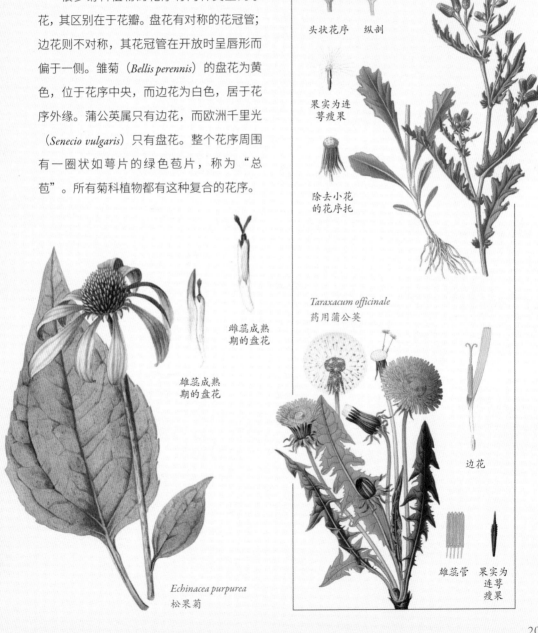

Senecio vulgaris
欧洲千里光

盘花

头状花序　纵剖

果实为连萼瘦果

除去小花的花序托

Echinacea purpurea
松果菊

雌蕊成熟期的盘花

雄蕊成熟期的盘花

Taraxacum officinale
药用蒲公英

边花

雄蕊管

果实为连萼瘦果

图 1.1

图 1.1　菊科的"花"实际上是高度紧缩的花序，称为头状花序。花序托（下左）上生有微小的花，称为小花。雏菊（*Bellis perennis*）小花的花冠管可不对称（下中）或对称（下右）。

图 1.2　向日葵（*Helianthus annuus*）的"籽"是一种叫连萼瘦果的果实，真正的种子在带条纹的外壳里面。

图 1.2

果实

　　菊科花序中真正的花并不大，无怪其果实也很小。花序中并非所有的花均可育，但每一朵可育花都可以结出一枚果实——一种叫连萼瘦果的干果。很多种的果实上宿存着毛状或齿状的冠毛，它们为果实提供了散播的手段，或是帮助果实附着在路过的动物身上，或是作为翅膀让果实在风中飞舞。在向日葵属中，有特征性黑白条纹的"籽"实际上是果实，真正的种子包在干燥的外壳中，而冠毛在果实散播之前已经脱落。

叶

　　既然菊科是这样一个大而多样的科，其叶自然有很多不同的形状和大小。叶可全缘或分裂，有或无叶柄。一些种的叶在受损之后会流出白色汁液。大丽花属的叶为较复杂

Carduus crispus
丝毛飞廉

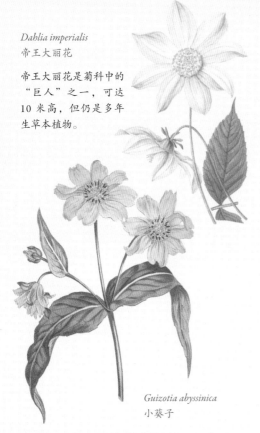

Dahlia imperialis
帝王大丽花

帝王大丽花是菊科中的
"巨人"之一，可达
10 米高，但仍是多年
生草本植物。

Guizotia abyssinica
小葵子

的复叶，在帝王大丽花（*Dahlia imperialis*）
这个种中叶长可超过 1 米。叶常在茎上互
生，但也可对生或轮生。草本属通常在植株
基部生有莲座状叶丛。

野生动物的吸引者

　　菊科很多园艺植物可为饥饿的鸟类提供
种子作为食物，成熟的向日葵常能吸引成群
的雀类前来大啖种子，装满小葵子（*Guizotia
abyssinica*）籽粒的喂食器也对雀类具有同样
的吸引力。菊科在夏季也一样是野生动物的
吸引者，可以把蜂类、食蚜蝇类和蝶类引向
它们那花蜜丰富的花朵。

园艺中的应用

　　虽然商业化种植的菊科植物相对较
少，但很多种都含有可以驱离饥饿的食
草动物的化学物质。其中一些种也是花
园中有用的药草或驱虫草。红花除虫菊
（*Tanacetum coccineum*）是一种天然杀虫剂
的来源，可从其干燥后的花序中提取出这
种物质。将这种植物伴种于易受虫害的作
物旁边，可以在一定程度上保护作物免遭
虫害。万寿菊属（*Tagetes*）可以驱除葱蝇
和粉虱等多种作物害虫。母菊（*Matricaria
chamomilla*）可以改善作物的味道，吸引
捕食害虫的食蚜蝇。可食用的菊科药草有
意大利蜡菊（*Helichrysum italicum*）和龙蒿
（*Artemisia dracunculus*）。

　　菊科中可栽培的种类实在太多了，
几乎一年中任何时候都有菊科植物在开
花。不过，它们的花期集中在晚夏和早
秋，那时渐暗的暮光和早晨的露水可以
让它们别致的花序更为显眼。请在逐渐
枯老的夏季花境中加入矢车菊（*Centaurea
cyanus*）、蓍属（*Achillea*）、堆心菊、带
有异域风情的大丽花等，为之注入亮
色。蓝刺头属（*Echinops*）和刺苞菜蓟
（*Cynara cardunculus*）的球状果序在形态
上具有构景性，仿佛天然的雕塑，在初
次霜冻之后冬季那些阴暗的日子中
可一直起着装饰作用。

Tanacetum coccineum
红花除虫菊

桔梗科 *Campanulaceae*

桔梗科现在把原半边莲科（*Lobeliaceae*）也包括在内，从而成为一个比原来大得多的类群。科中大多数种是多年生草本植物，有些为一年生或二年生草本；其花美丽，为钟形或唇形，以蓝色为主。少数种是灌木。半边莲属（*Lobelia*）中有些巨大的种类在外形上颇像小型棕榈科植物。

规模

桔梗科纳入了原半边莲科的大约 30 属之后，规模差不多翻了一番，现有 79 属、1,900种。大多数种分属桔梗亚科（*Campanuloideae*）和半边莲亚科（*Lobelioideae*）这两个主要的亚科，它们的种属范围基本与合并之前的桔梗科和半边莲科相同。

分布范围

桔梗科绝大多数种产自冷凉的温带地区，但在全世界都有分布。半边莲亚科大多分布于暖温带和热带地区，与喜欢冷凉气候的桔梗亚科不同。本科在南半球有一些零散的属，其中有几个属分布于南非，构成特征分明的一群植物。

起源

虽然花粉化石记录把桔梗科的起源推到了至少 3,000 万年前，但本科的全球多样性表明它的起源要早得多，可能发生在晚白垩纪（8,000 万～7,000 万年前）。桔梗科与菊科近缘，它们拥有共同的祖先。

园艺中的应用

半边莲属所有的种以及风铃草属（*Campanula*）的几乎所有的种都是花园中易于应用的植物，只需要很少的养护。其他一些属也有种植，如联药花属（*Symphyandra*）、裂檐花属（*Phyteuma*）、岩风铃属（*Edraianthus*）和伤愈草属（*Jasione*）。很多种对岩石花园很有价值，如沙参属（*Adenophora*）、党参属（*Codonopsis*）和桔梗属（*Platycodon*）等属的种。圆叶风铃草（*Campanula rotundifolia*）是苏格兰的"蓝铃花"（在英格兰叫"野兔铃"），与英格兰的蓝铃花是非常不同的植物；它在岩石花园或阳光充足的石岸上表现良好。

Roella ciliata
蛇风铃

开放的花的纵
剖，花粉已散
落，雄蕊已凋谢

未开放的
花的纵剖

Campanula rotundifolia
圆叶风铃草

Lobelia cardinalis
红花半边莲

花的纵剖

凋谢的花，
果实正在发育

蒴果的纵剖

花

　　桔梗科的花显眼，常很精致。根据植物所属的亚科不同，花可以归为两类。桔梗亚科的花通常为钟状，有5枚相似的花瓣。半边莲亚科植物的5枚花瓣中有3枚增大，形成下唇。

　　花瓣通常合生，形成杯状、钟状或管状的花冠。花萼与子房合生。花冠插生在花萼与子房相分离的地方。伤愈草属、牧根草属（*Asyneuma*）、伞风铃属（*Michauxia*）、星花草属（*Cephalostigma*）和匐星花属（*Lightfootia*）的花瓣不合生。

　　花通常聚集成总状或聚伞花序，但有时单生。伤愈草（*Jasione montana*）、圆头裂檐花（*Phyteuma orbiculare*）和半边莲类一些种的花聚集成稠密紧凑的花序。

　　很多种可赏其大而艳丽的花。花通常为蓝色，但也可为红、紫或白色，有时则为黄色。蜂类是很常见的到访者，特别是对蓝色花而言；但还有很多其他传粉昆虫。开红花的种可吸引蝶类或鸟类到访，比如北美洲的红喉北蜂鸟就会为红花半边莲（*Lobelia cardinalis*）绚丽的朱红色花朵传粉。

Legousia speculum-veneris
神鉴花

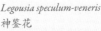

伞形科 *Apiaceae*

伞形科中那些长着平顶花序的草本植物易于识别，这使得这个科成为植物中最有名的科之一。植物学家约翰·雷（John Ray）在 16 世纪最先识别出这个科，以及它与单子叶植物共有的一些特征。伞形科的种大多为直立且分枝的一年生和多年生草本植物，其茎中空。

规模

伞形科是被子植物中较大的科之一，有 400 多属，3,500 多种。大多数属只包含为数不多的种，有的甚至只有 2～3 种。作为伞形科学名由来的芹属（*Apium*）就是个相当典型的例子，只有 20 种。

Pastinaca sativa
欧防风

花

平顶的伞形花序是伞形科的关键特征，也是"伞形科"一名及其以前的学名 *Umbelliferae* 的由来。在伞形花序中，单朵花的花梗从同一个点辐射状发出，就像雨伞的伞骨一样。

Ferula assa-foetida
阿魏

分布范围

伞形科见于世界大部分地区，分布最集中的地方是温带，全科三分之二的种原产欧洲和亚洲。北大西洋加那利群岛的枫芹（*Drusa glandulosa*）和地中海的沉舟芹（*Naufraga balearica*）堪称两个另类，因为与它们最近缘的属种分布于南美洲，这颇令人费解。

起源

伞形科如此广泛的分布反映了它漫长的演化史。本科与五加科（*Araliaceae*）近缘，人们确信这两个科有共同的祖先，这个祖先的生存时间可追溯至晚白垩纪（8,000万～7,000 万年前）。

Foeniculum vulgare
茴香

伞形科中较为多见的花序是复伞形花序，这种花序本身又由较小的伞形花序（称为"小伞"）通过排成伞形而构成。刺芹属（*Eryngium*）是个例外，其伞形花序无梗，呈拱凸状。

整个伞形花序或其中某些小伞周围可衬有增大的苞片，刺芹属和柴胡属（*Bupleurum*）的许多种即是如此。墨西哥的杯苞芹（*Mathiasella bupleuroides*）是个极端的例子，其外观与毛茛科的铁筷子属有些相似。

单朵花微小，为 5 数。花萼高度退化或不存在。花色多样，可为绿、白、黄、粉红和紫色。刺芹属在花色上再一次成为例外，因为它们有灰蓝色的花，这也是其特征之一。伞形花序外侧的花有时不整齐，如胡萝卜（*Daucus carota*）。这可能用来吸引昆虫传粉者，包括蝇类、蚊类、蜂类、蝶类和蛾类。

园艺中的应用

虽然只有胡萝卜属（*Daucus*）和欧防风属（*Pastinaca*）可以被视为主要食用作物，但伞形科中还有很多植物有很大的烹饪价值，如孜然芹、芫荽（香菜）、莳萝、茴香、葛缕子、芹、雪维菜和欧芹等。科中还有不少种是园艺植物，如刺芹属、星芹属（*Astrantia*）、阿魏属（*Ferula*）、前胡属（*Peucedanum*）和峨参属（*Anthriscus*）。

Daucus carota
胡萝卜

叶

伞形科的叶为互生，通常深裂或分割为复叶，有时为羽状或形如蕨叶。叶在大小上多变，被揉碎后常有浓郁的芳香。

五加科 *Araliaceae*

五加科较为人知的成员是潮湿的森林和林地生境中的植物,如常春藤属、楤木属(*Aralia*)和八角金盘属(*Fatsia*)。一些种是乔木和灌木,如楤木(*Aralia elata*);另一些种是藤本,如常春藤属的种。本科还有小型草本植物,如人参属(*Panax*)。

规模

五加科是中等规模的科,有 39 属,1,425种。最大的 2 个属是鹅掌柴属(*Schefflera*,700 种)和南洋参属(*Polyscias*,116 种),二者均为木本属。比它们小的属有楤木属(68 种)和人参属(11 种)等。常春藤属有大约 12 种。

分布范围

五加科的种见于全世界,但本科主要分布于亚热带和热带,主要的多样性中心在南亚、东南亚和美洲热带地区。本科典型的生境有山地云雾林、雨林以及其他潮湿多雨的林地。

花的 　 单朵花
纵剖

Aralia spinosa
魔杖楤木

园艺中的应用

五加科的很多种是适于荫蔽地的观叶植物,包括藤本的常春藤属及灌木性的熊掌木属(*Fatshedera*)和鹅掌柴属。楤木属和八角金盘属可开出壮观的花序,带来额外的美景。这些植物的栽培品种很多,它们有有趣的叶形、花纹或斑块。常春藤的花蜜对很多昆虫来说是宝贵的冬季食物来源。

起源

五加科有大量可追溯至晚白垩纪(8,000 万～7,000 万年前)的化石记录。由化石记录可推知本科起源于北美洲,逐渐通过白令陆桥扩散到亚洲和欧洲。

花

单朵花小或微小，形状整齐。它们通常为绿、浅黄或偏白色，具 5 枚花瓣、5 枚雄蕊和 5 枚常常特别小的萼片。传粉之后，每朵花会发育成一枚浆果状的核果。核果成熟时为红色或紫色，含 5 粒种子。

花序通常为球形的单伞形花序；与本科近缘的伞形科则具平顶伞形花序，且其花序大多为复伞形。五加科一些成员开有伸长的圆锥花序，如楤木属的种即是如此。

叶

五加科最显著的特征可能在于叶。其叶在茎上互生，常较大，呈有趣的分裂状或分割为较小的小叶。

本科的主要属可以根据叶的不同结构归

Fatsia japonica
八角金盘

类。刺楸属（*Kalopanax*）、八角金盘属、常春藤属和通脱木属（*Tetrapanax*）都有分裂的单叶。楤木属、南洋参属、鹅掌柴属、五加属（*Acanthopanax*）和人参属都有复叶。其中楤木属和南洋参属的复叶为羽状，而另外 3 个属的复叶为掌状。本科的幼叶往往与成叶形状不同。

茎

在具有攀缘习性的种中，茎常有两个生长阶段，即成年期和幼年期。幼年期的枝条上会形成气生根，茎借此来附着和攀缘；成年期的茎则可自我支撑。

Hedera helix
洋常春藤

五福花科 *Adoxaceae*

五福花科以前曾是忍冬科的一部分，它包括荚蒾属（*Viburnum*）、接骨木属（*Sambucus*）、五福花类（包括五福花属〔*Adoxa*〕和华福花属〔*Sinadoxa*〕）等，为一群灌木、小乔木和多年生草本。五福花科的木本种是重要的园艺植物，其中几个种所结的果实可以食用。草本种则更常为杂草和野花。

规模

五福花科包含225种，其中大部分属于荚蒾属这个大属。荚蒾属在很多方面都像绣球科中的绣球属：二者都是灌木或小乔木，均具有对生的叶，有时具有不育花。不过，荚蒾属结的是肉果，而绣球属结的是干燥的蒴果。

分布范围

五福花科广布于亚洲、欧洲和北美洲的温带地区，也向南分布到南美洲、澳大利亚东南部以及非洲的几条山脉上。

起源

来自晚白垩纪（9,900万～9,300万年前）的很多叶化石已经被鉴定为属于荚蒾属，但考虑到五福花科在植物系统树（见10～11页）中的位置，这个时间似乎太早。接骨木属的化石来自大约4,000万年前的晚始新世。

花

在荚蒾属和接骨木属中，大量小花在茎顶组成平顶或球形的花序。与它们不同，五福花类的每个花序中只有较少的花，花要么生于短花梗上（华福花属），要么紧密簇集在一起（五福花属）。本科大多数种的花有5枚合生的萼片，4或5枚基部合生的花瓣。雄蕊3～5枚，与萼片对生，贴生在花瓣上。荚蒾属中，一些种的花序边缘有艳丽的不育花，而一些品种（粉团荚蒾）的花序中只有不育花。花可芳香（红蕾荚蒾〔*Viburnum carlesii*〕和香荚蒾〔*Viburnum farreri*〕），可有臭味（绵毛荚蒾〔*Viburnum lantana*〕）或无气味。

Adoxa moschatellina
五福花

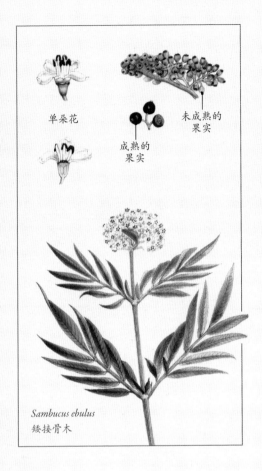

单朵花

成熟的
果实

未成熟的
果实

Sambucus ebulus
矮接骨木

果实

五福花科的果实为肉果，通常为红、蓝或黑色，里面有坚硬的果核。

叶

草本的五福花类的叶排成疏松的基生莲座状叶丛，而接骨木属的木本种及荚蒾属的叶对生。叶为常绿或落叶性，在荚蒾属中为单叶，在其他属中为复叶。五福花类具1～3枚小叶，接骨木属具羽状复叶。叶缘具齿，有时全缘；托叶存在或无。

园艺中的应用

种植接骨木属植物——特别是西洋接骨木（*Sambucus nigra*），旨在获取其果实和花，来为多种食品调味。接骨木属是受蜂类和鸟类欢迎的植物，其中一些品种的叶或艳丽或纤细，或二者兼具。

荚蒾属形态多样，其中很多种有园艺价值。对绿篱来说，很难找到比欧洲荚蒾（*Viburnum opulus*）更好的种；它具有白色的花，红色而有光泽的果实，以及绚烂的秋色。如果你更喜欢常绿绿篱，那么地中海荚蒾（*Viburnum tinus*）是很好的选择，其冬花很有用。在冬季和春季，以下这些灌木最能展现它们的风采。在积雪之下，著名的博德南特荚蒾（*Viburnum × bodnantense*）开始发芽。备中荚蒾（*Viburnum bitchiuense*）和香荚蒾随后开花，其花有浓郁的香气，在凉爽的春日早晨尤为受人喜爱。

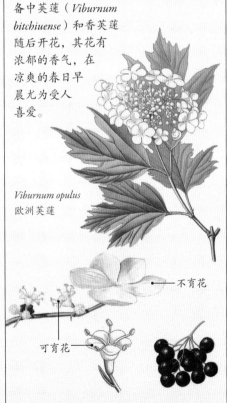

Viburnum opulus
欧洲荚蒾

不育花

可育花

忍冬科 *Caprifoliaceae*

虽然忍冬科分出了五福花科，但川续断类、蓝盆花类和缬草类被并入本科。科中有小乔木、灌木和藤本，以及一年生、二年生和多年生草本。少数种可以食用，如歧缬草属（*Valerianella*）和蓝果忍冬（*Lonicera caerulea*）。

规模

忍冬科有 900 多种，它们具有丰富的多样性，因而有多种用途。本科中的常见植物包括草本的缬草类（缬草属〔*Valeriana*〕和距缬草属〔*Centranthus*〕）和蓝盆花类（蓝盆花属〔*Scabiosa*〕和孀草属〔*Knautia*〕），刺参属（*Morina*）及忍冬属的一些藤本种，还有一些纯灌木属（糯米条属〔*Abelia*〕、锦带花属〔*Weigela*〕和鬼吹箫属〔*Leycesteria*〕）。

分布范围

忍冬科广布于北半球，并分布到非洲和南美洲。一个叫北极花（*Linnaea borealis*）的种见于北半球的亚洲、欧洲和北美洲，而忍冬属和川续断属（*Dipsacus*）的一些种已经成为无处不在的杂草植物。

Lonicera hildebrandiana
大果忍冬

起源

有一些来自晚始新世（大约 4,000 万年前）的果实化石与现代的双盾木属（*Dipelta*）的果实非常相似，与败酱属（*Patrinia*）、缬草属和七子花属（*Heptacodium*）的果实形似的化石则发现于较晚的中新世（1,100 万～500 万年前）地层中。

花

忍冬科的花一般有 4 或 5 枚合生的萼片，以及 4 或 5 枚部分合生成管状的花瓣。花瓣裂片或对称（七子花属），或分为上方的 2 枚和下方的 3 枚（双盾木属），或分为上方的 4 枚和下方的 1 枚（忍冬属的一些种）。雄蕊 1～5 枚，其花丝与花瓣合生。

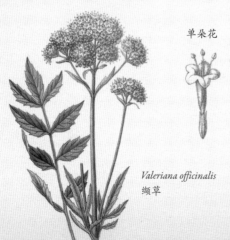

单朵花

Valeriana officinalis
缬草

Symphoricarpos
racemosus
白雪果

果实横剖

忍冬科的花有多种排列方式，大多数种的花序中生有许多苞片。有些种（总苞忍冬〔*Lonicera involucrata*〕、七子花属和糯米条属）的苞片颜色鲜艳，在花瓣凋谢之后还能带来长时间的观赏性。在川续断属及其亲缘属中，大量小花聚集成头状花序，与菊科的花类似。花序围有苞片组成的总苞，最外侧花还有大得多的花瓣。

园艺中的应用

　　忍冬属最知名之处当然是它们芳香的花朵，其中最馥郁怡人者莫过于早春开花的灌木郁香忍冬（*Lonicera fragrantissima*）的花。来自缅甸的大果忍冬（*Lonicera hildebrandiana*）株形巨大，很不耐寒，其花长达 15 厘米，非常芳香。忍冬属并非所有的种都有香气，但糯米条属的大多数种都有香气，而且还有其他观赏之处，比如颜色艳丽的苞片以及有些品种的带花纹的叶。如果空间不足以种植灌木或藤本植物，草本的缬草（*Valeriana officinalis*）是个好的选择。这种耐寒的多年生草本植物可自花结实，其花茎高挑疏朗，白色的花簇生茎顶，散放出醉人的香草气味。

果实

　　果实形态多样，可为干果（锦带花属和糯米条属）或肉果（忍冬属和毛核木属〔*Symphoricarpos*〕）。

叶

　　灌木和藤本种的叶为对生或轮生，草本种的叶常形成基生莲座状叶丛。叶通常为单叶，但偶尔为复叶，其小叶呈羽状排列（缬草属和刺头草属〔*Cephalaria*〕）。叶缘全缘或具齿，叶柄明显，托叶不存在。

孕生的花

Lonicera caerulea
蓝果忍冬

浆果

.217.

术语表

苞片： 一种叶状结构，通常较小，一般位于花、花梗或花序下方不远处的茎上。

被丝托： 花的花托中增大的杯状或管状结构，疏松地包在心皮外面或与心皮合生。

翅果： 一种带翅的、含 1 粒种子的坚果或瘦果，如桦属和槭属中所见。

雌蕊： 花中的雌性器官，与"心皮"含义类似，但也可用来指数枚心皮完全合生而形成的单一结构。

大型叶： 叶的一类，见于蕨类，通常较大，有复杂的维管系统。与"小型叶"相对。

单叶： 叶片单独 1 枚而不分割。参见"复叶"。

单子叶植物： 被子植物的一个类群。它们通常有平行的叶脉，花部为 3 数，代表植物如禾本科、兰科、石蒜科、棕榈科等。

萼片： 花中花萼的组成部分，包在花瓣外面，通常为绿色、叶状。

分果： 一种干果，在成熟时裂为各含 1 粒种子的几个部分。

佛焰苞： 天南星科植物肉穗花序外侧的苞片状结构。参见"肉穗花序"。

附生植物： 附着在其他植物体上生长、但不寄生于其上的植物，如很多兰科和凤梨科植物。

复叶： 叶片分割为 2 或多枚小叶的叶。参见"单叶"。

副冠： 花瓣和雄蕊之间的环形结构，水仙属中花的喇叭状结构就是副冠。

柑果： 一种外皮可分离、果肉分成多室的果实，如橙子、葡萄柚。

根状茎： 形状如根的茎，在土壤中或地表水平生长。

过渡： 一种植物器官逐渐向另一种器官转变，

如一些花瓣可生有部分成形的花药。

核果： 一种肉果，果皮薄，中央有 1 枚果核，其中包含种子。代表植物如李、樱桃、扁桃和木樨榄等。

花瓣： 花中花冠的组成部分，包在雄蕊和心皮外面，常有鲜艳的颜色。

花被片： 外观类似的萼片和花瓣的统称，在百合科和木兰科中常见。

花萼： 花中萼片的统称，通常形成 1 轮，在花芽中包被花瓣，构成花周围的保护层。

花梗： 连接花与花序轴或茎的细长结构。参见"总状花序"。

花冠： 花中花瓣的统称，通常在萼片内侧形成 1 轮，并包在生殖器官外面。

花丝： 雄蕊中支持花药的纤细部分。

花托： 花梗顶端生有花部（萼片、花瓣等）的地方。

花序： 若干花聚生而成的结构，其中的花可有多种排列方式，如聚伞花序、圆锥花序、总状花序、穗状花序等。

脊突： 花瓣正中突起的褶。

浆片： 禾本科的花中的微小鳞片，一般被视为退化的花瓣。

节： 植物茎上生出 1 或多枚叶的地方，常略有膨大。

聚伞花序： 一种花序，其中中轴顶生 1 朵花，该花先开放，花序中的其他花则作为侧枝的顶芽顺次开放。

块茎/块根： 一种地下贮藏器官，可像马铃薯那样由茎形成（块茎），或像大丽花那样由根形成（块根）。

鳞茎： 一种地下贮藏器官，由肉质的鳞片状叶构成，如洋葱中所见。

龙骨瓣：豆科植物典型的花中位于下方的 2 枚合生的花瓣。

胚珠：子房中含有雌性生殖细胞的结构，在受精后发育为种子。

品种：栽培变种，即在栽培中通过人工选育而形成的植物类型。

壳斗：壳斗科植物中由苞片形成的杯状结构，果实生于其中。

球茎：一种鳞茎状的膨大地下茎，在番红花属等鸢尾科植物中常见。

全缘：（叶或小叶）不分裂，且边缘无裂片或齿。

肉穗花序：具肉质花轴的穗状花序，如天南星科植物中所见。

伞房花序：一种平顶的花序，与伞形花序类似，但其中的花不从同一点生出。

伞形花序：一种外形如伞的花序，单朵花均从同一点生出。

穗状花序：一种花序，其中每朵花直接生在中央花序轴上。

头状花序：一种形似人头的密集花序，常用于指菊科植物中那种由微小的花（小花）构成的密集而扁平的花簇。

退化雄蕊：不育的雄蕊，有的像金缕梅科那样可分泌花蜜，有的像姜科那样变为花瓣状结构。

托叶：一种小型叶状附属物，通常成对生于叶柄基部。

托叶鞘：由 2 枚托叶合生而形成的管鞘状结构，如蓼科中所见。

纤匍枝：在土壤表面水平生长的茎，在节处可产生新植株，如禾草和草莓中所见。

小型叶：一类非常短的叶，见于苔藓，只有一道不分支的叶脉。与"大型叶"相对。

心皮：花中的雌性生殖器官，由子房和柱头构成，通常还有花柱。心皮可单生，或数枚构成一群。

雄蕊：花中的雄性生殖器官，通常由花丝和含有花粉的花药构成。花丝在花中可彼此合生或离生。

叶柄：把叶片连接到茎上的细长结构。

叶舌：在叶片与叶鞘连接之处生长的叶状或毛状突起，如一些禾本科和姜科植物中所见。

叶缘：叶片的边缘，可分裂、具齿或全缘。

羽状：（复叶）具有沿中轴排列、通常两两对生的小叶，形如羽毛。

圆锥花序：一种多分枝的花序。

掌状：（复叶）具有 5 枚或更多从同一点辐射状生出的小叶，形如手掌。

真双子叶植物：被子植物中最大的类群。它们通常有分支的叶脉，花部为 4 数或 5 数，代表植物如蔷薇科、豆科、菊科、杜鹃花科等。

汁液：从切断的叶或茎中流出的液体，可具黏性，可为白色（大戟科）、彩色（罂粟科）或无色澄清。

柱头：位于心皮的顶端，在传粉过程中接受花粉。

子房：花中心皮的中空基部，含有 1 或多枚胚珠。

总苞：围绕头状花序的 1 轮萼片状的苞片。

总状花序：一种花序，其中每朵花以短花梗连接到中央花序轴并沿之排列，花序轴基部的花最早开放。参见"穗状花序"。

索引

参考资料

图书

Beentje, H. *The Kew plant glossary: an illustrated dictionary of plant terms* [M]. Second edition. Kew Publishing, 2016.

Byng, J. W. *The flowering plants handbook: a practical guide to families and genera of the world* [M]. Plant Gateway, 2014.

Friis, E. M., Crane, P. R. & Pedersen, K. R. *Early flowers and angiosperm evolution* [M]. Cambridge University Press, 2011.

Heywood, V. H. (consultant editor). *Flowering plants of the world* [M]. BT Batsford Ltd, 1993.

Heywood, V. H., Brummitt, R. K., Culham, A. & Seberg, O. *Flowering plant families of the world* [M]. Kew Publishing, 2007.

Hickey, M. & King, C. *The Cambridge illustrated glossary of botanical terms* [M]. Cambridge University Press, 2001.

Judd, W. S., Campbell, C. S., Kellogg, E. A. & Stevens, P. F. *Plant systematics: a phylogenetic approach* [M]. Sinauer Associates, Inc., 1999.

Mabberley, D. J. *Mabberley's plant-book: a portable dictionary of plants, their classifications, and uses* [M]. Cambridge University Press, 2008.

网站

RHS Horticultural Database
http://apps.rhs.org.uk/horticulturaldatabase/

RHS Images Collection
http://www.rhsimages.co.uk/

Alpinia nutans
垂叶山姜